刘毅 编著

建筑工程施工质量验收图解

JIANZHU GONGCHENG SHIGONG ZHILIANG YANSHOU TUJIE

化学工业出版社
·北京·

内 容 提 要

本书以施工质量验收规范为依据，把具体分项施工验收细节以图解的形式进行讲解，同时给出具体质量验收的操作要点，从而起到指导施工质量验收工作的作用。本书在基础知识讲解过程中，主要对质量验收概述、质量验收要求、工作程序等进行精讲；在分项工程施工质量验收讲解过程中，用图解的方式对验收工作及重点进行讲解，并列举出施工质量验收中常用数据和验收要点等内容。书中重点内容直接在图中以拉线形式标注指导，质量验收方法和要点以表格进行展示，这样方便读者在日常工作中随时查找。

本书内容简明实用、图文并茂，适用性和实际操作性较强，可作为从事建筑工程现场安全管理人员、质量检查人员、相关技术人员的参考用书，也可作为企业培训和土木工程相关专业大中专院校师生的参考资料。

图书在版编目（CIP）数据

建筑工程施工质量验收图解/刘毅编著. —北京：化学工业出版社，2017.10（2025.1重印）
ISBN 978-7-122-30483-4

Ⅰ.①建… Ⅱ.①刘… Ⅲ.①建筑工程-工程验收-图解 Ⅳ.①TU712.5-64

中国版本图书馆 CIP 数据核字（2017）第 204977 号

责任编辑：彭明兰　　装帧设计：韩　飞
责任校对：宋　夏

出版发行：化学工业出版社（北京市东城区青年湖南街 13 号　邮政编码 100011）
印　　装：北京科印技术咨询服务有限公司数码印刷分部
710mm×1000mm　1/16　印张 11　字数 212 千字　2025 年 1 月北京第 1 版第 10 次印刷

购书咨询：010-64518888　　售后服务：010-64518899
网　　址：http://www.cip.com.cn
凡购买本书，如有缺损质量问题，本社销售中心负责调换。

定　　价：45.00 元

前言

随着我国建筑行业的快速发展，建筑业已成为我国国民经济五大支柱产业之一。近几年，随着施工工艺的不断进步、新材料的不断研发，人们对建筑物的外观质量和内在要求也有着更高的要求。因此在建筑行业快速发展的过程中，“施工质量验收”这个话题也是十分的火热，引起了业内人士以及广大群众的广泛关注。

本书在基础知识讲解过程中，主要对质量验收概述、质量验收要求、工作程序等进行精讲；在分项工程施工质量验收讲解过程中，用图解的方式对验收工作及重点进行讲解，列举出施工质量验收中常用数据和验收要点等内容。根据施工验收规范和要求对各分项工程施工质量验收进行详细讲解，重点内容讲解过程中配有相关的现场照片，质量验收要点和细节直接在图中进行拉线标注，对常用涉及质量验收的数据进行整理，使得全书重点清晰、步骤分明。这种标题突出、简洁明了的内容编排形式，也便于读者更好地提高自身的专业技能和快捷查找到自己所需要的内容。

本书由刘毅编著，刘向宇、安平、陈建华、陈宏、蔡志宏、邓毅丰、邓丽娜、黄肖、黄华、何志勇为本书的编写工作提供了帮助，在此一并表示感谢。

本书在编写过程中参考了有关文献和一些项目施工管理经验性文件，并且得到了许多专家和相关单位的关心与大力支持，在此表示衷心的感谢。

由于编写时间和水平有限，尽管编著者尽心尽力，反复推敲核实，但难免有疏漏及不妥之处，恳请广大读者批评指正，以便做进一步的修改和完善。

CONTENTS

目录

第一章 建筑工程施工质量验收基础知识

第一节 建筑工程质量验收的依据和方法

一、建筑工程质量验收的主要依据

建筑工程施工质量的好坏不仅关系到整体建筑物的质量及其安全性，还涉及国家、集体和公民的切实利益，所以要严控建筑工程的质量。在建筑工程质量把控过程中，过程控制是一个重要的环节，只有在这个环节中把控好才能保证后期的建筑物整体质量。然而在质量控制的同时还要求我们懂得运用建筑工程施工质量验收的依据，这样才能对施工质量更好、更合理地验收。

工程施工质量验收主要是依据国家有关工程建设的法律、法规、标准规范及相关文件进行验收，我国现行建筑工程领域中施工质量验收的主要依据是《建筑工程施工质量验收统一标准》(GB 50300—2013) 及相关质量验收规范。

1. 建筑工程施工质量验收常用规范

建筑工程施工质量验收常用规范见表 1-1。

表 1-1 建筑工程施工质量验收常用规范

名称	内容
主体工程施工常用验收规范	建筑地基基础工程施工质量验收规范(GB 50202—2002)
	混凝土结构工程施工质量验收规范(GB 50204—2015)
	砌体工程施工质量验收规范(GB 50203—2011)
	屋面工程施工质量验收规范(GB 50207—2012)
	地下防水工程施工质量验收规范(GB 50208—2012)
	建筑地面工程施工质量验收规范(GB 50209—2010)
	钢结构工程施工质量验收规范(GB 50755—2012)
	建筑装饰装修工程施工质量验收规范(GB 50210—2013)
安装工程施工常用验收规范	建筑给水排水及采暖工程施工质量验收规范(GB 50242—2002)
	通风与空调工程施工质量验收规范(GB 50243—2002)
	建筑电气工程施工质量验收规范(GB 50303—2015)
	电梯工程施工质量验收规范(GB 50310—2002)

2. 建筑工程质量验收其他验收依据

（1）国家现行的勘察、设计、施工等技术标准和规范，其中包括国家标准（GB ）、行业标准（JGJ）、地方标准（DB）等。

（2）工程相关资料。包括施工图设计文件、施工图纸；图纸会审记录、设计变更资料；相关测量说明和记录、工程施工记录、工程事故记录等；施工与设备质量检查与验收记录等资料。

（3）建设单位与参建各单位所签订的合同。

（4）与工程有关的其他规定和文件。

二、建筑工程质量验收的常用方法

建筑工程施工质量验收常常涉及两个方面：一是审查相关的技术文件、资料和报告等内容；二是通过对工程实体进行质量检查。

1. 审查相关的技术文件、资料和报告

在建筑工程施工过程当中，建设单位、监理单位、质量监督机构的相关人员都会对工程施工过程中涉及的材料、节点部位施工等进行质量检查与验收。一般都是检查各个层次提供的技术文件、资料和报告等内容，例如检查钢筋的厂家资质、钢筋质量检查报告、检验批验收记录等。首先对建筑施工所用材料进行检验，其次对施工细节进行检验，这样才能够更好的保证质量安全。

2. 工程实体的质量检查

建筑工程施工现场中所用的原材料、半成品、工序过程和工程产品质量验收的方法一般有以下几种。

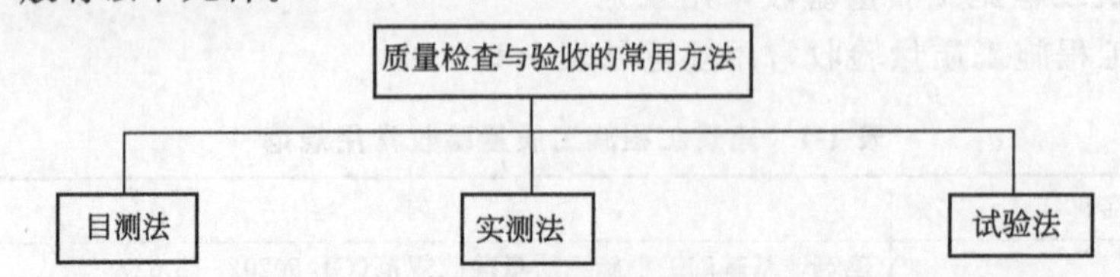

（1）目测法　目测法主要凭借感官进行检查与验收，其中的具体操作细节见表1-2。

表1-2　目测法操作细节的主要内容

操作方法	主要内容	检查方向
看	根据质量标准要求进行外观检查	例如：工人的操作是否正常，混凝土振捣是否符合要求，混凝土成型是否符合要求等
摸	通过手感触摸进行检查、鉴别	例如：涂料的光滑度是否达标，浆活是否牢固、不掉粉，墙面、地面有无起砂现象，均可以通过手摸的方式鉴别
敲	运用敲击的方法进行声感检查	例如：对拼镶木地板、墙面抹灰、墙面瓷砖、地砖铺贴等的质量均可以通过敲击的方法，根据声音的虚实、脆闷判断有无空鼓等质量问题

续表

操作方法	主要内容	检查方向
照	通过人工光源或反射光照射，检查难以看清的部位	例如:可以用照的方法检查墙面和顶棚涂饰的平整度

(2) 实测法 实测法主要利用测量工具或计量仪表，通过实际测量的结果和规定的质量标准或规范的要求相对照，去判断质量是否符合要求，其中的具体操作细节见表1-3。

表1-3 实测法操作细节的主要内容

操作方法	主要内容	检查方向
靠	用直尺和塞尺配合检查	例如:地面、墙面、屋面平整度的质量检查与验收
吊	用拖线板、线锤检查垂直度	例如:墙面、窗框的垂直度检验与验收
量	用量测工具或计量仪表检查构件的断面尺寸、轴线、标高、温度、湿度等数值并确定其数值与标准规定的偏差	例如:用卷尺量测构件的尺寸,检测大体积混凝土在浇筑完成后一定时间的温度,用经纬仪附合轴线的偏差等检查与验收
套	用方尺套方以塞尺辅助	例如:阴阳角的方正、预制构件的方正质量检查与验收

(3) 试验法 试验法指通过进行现场试验或试验室试验等理化试验手段，取得数据，分析判断质量情况，具体内容见表1-4。

表1-4 试验法的主要内容

名称	内容
理化试验	工程中常用的理化试验包括物理力学性能方面的试验和化学成分含量的测定两个方面。力学性能的检验包括材料的抗拉强度、抗压强度、抗弯强度、抗折强度、冲击韧性、硬度、承载力等的测定。各种物理性能方面的测定,如材料的密度、含水量、凝结时间、安定性、抗渗、耐磨、耐热等。各种化学方面的试验,如化学成分及其含量的测定等
无损检测或检验	借助仪器、仪表等手段探测结构物或材料、设备内部组织结构或损伤状态。例如借助混凝土回弹仪现场检查混凝土的强度等级,借助钢筋扫描仪检查钢筋混凝土构件中钢筋放置的位置是否正确,借助超声波探伤仪检查焊件的焊接质量等

第二节 建筑工程质量验收的基本规则

一、质量验收的常用术语

建筑工程质量验收的常用术语如下。

(1) 验收 建筑工程在施工单位自行质量检查评定的基础上，参与建设活动的有关单位共同对检验批、分项、分部、单位工程的质量进行抽样复验，根据相关标准以书面形式对工程质量达到合格与否做出确认。

（2）进场验收　对进入施工现场的材料、构配件、设备等按相关标准规定要求进行检验，对产品达到合格与否做出确认。

（3）检验批　按同一的生产条件或按规定的方式汇总起来供检验用的，由一定数量样本组成的检验体。检验批是施工质量控制的最小单位，是分项工程乃至整个建筑工程质量验收的基础。

（4）检验　对检验项目中的性能进行量测、检查、试验等，并将结果与标准规定要求进行比较，以确定每项性能是否合格所进行的活动。

（5）见证取样检测　在监理单位或建设单位监督下，由施工单位有关人员现场取样，并送至具备相应资质的检测单位所进行的检测。

（6）交接检验　由施工的承接方与完成方经双方检查并对可否继续施工做出确认的活动。

（7）主控项目　建筑工程中的对安全、卫生、环境保护和公众利益起决定性作用的检验项目。

（8）一般项目　除主控项目以外的检验项目。

（9）抽样检验　按照规定的抽样方案，随机地从进场的材料、构配件、设备或建筑工程检验项目中，按检验批抽取一定数量的样本所进行的检验。

（10）抽样方案　根据检验项目的特征所确定的抽样数量和方法。

（11）计数检验　在抽样的样本中，记录每一个体有某种属性或计算每一个体中的缺陷数目的检查方法。

（12）计量检验　在抽样检验的样本中，对每一个体测量其某个定量特征的检查方法。

（13）观感质量　通过观察和必要的测量所反映的工程外在质量。

（14）返修　对工程不符合标准规定的部位采取整修等措施。

（15）返工　对不合格的过程、部位采取的重新制作、重新施工等措施。

二、质量验收的基本规定

施工现场应具有健全的质量管理体系、相应的施工技术标准、施工质量检验制度和综合施工质量水平评定考核制度。

未实行监理的建筑工程，建设单位相关人员应履行其涉及的监理职责。

建筑工程的施工质量控制应符合下列要求规定。

（1）建筑工程采用的主要材料、半成品、成品、建筑构配件、器具和设备应进行进场检验。凡涉及安全、节能、环境保护和主要使用功能的重要材料、产品，应按各专业工程施工规范、验收规范和设计文件等规定进行复验，并应经监理工程师检查认可。

（2）各施工工序应按施工基础标准进行质量控制，每道施工工序完成后，经施工单位自检符合规定后，才能进行下道工序施工。各专业工种之间的相关工序应进行交接检验并记录。

(3) 对于监理单位提出检查要求的重要工序，应经监理工程师检查认可，才能进行下道工序施工。

(4) 符合下列条件之一时，可按相关专业验收规范的规定适当调整抽样复验、试验数量，调整后的抽样复验、试验方案应由施工单位编制，并报监理单位审核确认。

① 同一项目中由相同施工单位的多个单位工程，使用同一生产厂家的同品种、同规格、同批次的材料、构配件、设备。

② 同一施工单位在现场加工的成品、半成品、构配件用于同一项目中的多个单位工程。

③ 同一项目中，针对同一抽样对象已有检验成果可以重复利用。

(5) 当专业验收规范对工程的验收项目未做出相应规定时，应由建设单位组织监理、设计、施工等相关单位制定专项验收要求。涉及安全、节能、环境保护等项目的专项验收要求应由建设单位组织专家论证。

(6) 建筑工程施工质量应按下列要求进行验收。

① 工程质量验收均应在施工单位自检合格的基础上进行。

② 参加工程施工质量验收的各方人员应具备相应的资格。

③ 检验批的质量应按主控项目和一般项目验收。

④ 对涉及结构安全、节能、环境保护和主要使用功能的试块、试件及材料，应在进场时或施工中按规定进行见证检验。

⑤ 隐蔽工程在隐蔽前应由施工单位通知监理单位进行验收，并应形成验收文件，验收合格后方可继续施工。

⑥ 对涉及结构安全、节能、环境保护和施工功能的重要部分工程应在验收前按规定进行抽样检验。

(7) 检验批抽样样本应随机抽取，满足分布均匀、具有代表性的要求，抽样数量不应低于有关验收规范及表1-5的规定；明显不合格的个体可不纳入检验批，但必须进行处理，使其满足有关验收规范的规定，对处理情况应予以记录并重新验收。

表1-5 检验批最小抽样数量

检验批的容量	最小抽样数量	检验批的容量	最小抽样数量
2～15	2	151～280	13
16～25	3	281～500	20
26～50	5	501～1200	32
51～90	6	1201～3200	50
91～150	8	3201～10000	80

第三节 建筑工程质量验收的程序

一、检验批及分析工程质量验收的主要程序

《建筑工程施工质量验收统一标准》(GB 50300—2013) 中规定：检验批及分项工程应由监理工程师（建设单位项目技术负责人）组织施工单位项目专业质量（技术）负责人等进行验收。

(1) 检验批工程由专业监理工程师组织项目专业质量检验员等进行验收；分项工程由专业监理工程师组织项目专业技术负责人等进行验收。

(2) 检验批和分项工程是建筑工程质量的基础。因此，所有检验批和分项工程均应由监理工程师或建设单位项目技术负责人组织验收。验收前，施工单位先填好“检验批和分项工程的质量验收记录”，并由项目专业质量检验员和技术负责人分别在检验批和分项工程质量检验记录中相关栏目签字，然后由监理工程师组织，严格按规定程序进行验收。

(3) 分项工程施工过程中，还应对关键部位随时进行抽查。所有分项工程施工，施工单位应在自检合格后，填写分项工程报检申请表，并附上分项工程评定表。属隐蔽工程的，还应将隐检单报监理单位，监理工程师必须组织施工单位的工程项目负责人和有关人员对每道工序进行检查验收，给合格者签发分项工程验收单。

二、分部工程质量验收的主要程序

《建筑工程施工质量验收统一标准》(GB 50300—2013) 中规定：分部工程应由总监理工程师（建设单位项目负责人）组织施工单位项目负责人和技术、质量负责人等进行验收；地基与基础、主体结构分部工程的勘察、设计单位工程项目负责人和施工单位技术、质量部门负责人也应参加相关分部工程验收。

工程监理实行总监理工程师负责制，因此分部工程应由总监理工程师（建设单位项目负责人）组织施工单位的项目负责人和项目技术、质量负责人及有关人员进行验收。因为地基基础、主体结构的主要技术资料和质量问题是归技术部门和质量部门掌握，所以要求施工单位的技术、质量负责人也要参加验收。另外，由于地基基础、主体结构技术性能要求严格，技术性强，关系到整个工程的安全，因此规定这些分部工程的勘察、设计单位工程项目负责人也应参加相关分部的工程质量验收。

建筑工程主要分部工程质量验收程序如下。

(1) 总监理工程师或建设单位项目负责人组织验收，准备过程资料审查意见及验收方案，确定参加工程验收人员。

(2) 监理、勘察、设计、施工单位分别汇报合同履约情况和主要分部各个环

节法律、法规以及工程建设强制标准执行情况；施工单位汇报内容中还应包括工程质量监督结构责令整改问题的完成情况。

（3）验收人员审查监理、勘察、设计和施工单位的工程相关质量，并实地检查工程质量。

（4）验收人员对主要分部工程的勘察、设计、施工质量和各管理环节等方面做出评价，并分别阐明各自的验收观点或结论。当验收意见统一一致时，分别在相应的分部工程质量验收记录上签字。

（5）当参加验收各方对工程质量验收意见不一致时，应当协商提出解决方法，也可请建设行政主管部门等机构进行协调。

（6）验收结束后，监理或建设单位应在主要分部工程验收合格后15天内，将相关分部工程质量验收记录报送工程质量监督机构，并取得工程质量机构签发的相应工程质量验收监督记录；主要分部工程未经验收或验收不合格的，不得进行下道工序施工。

三、单位工程质量验收的主要程序

单位工程完工后，施工单位应自行组织有关人员进行检查评定，并向建设单位提交工程验收报告。

当单位工程达到竣工验收条件后，施工单位应在自查、自评工作完成后，填写工程竣工报验单，并将全部竣工资料报送项目监理机构，申请竣工验收。总监理工程师应组织各专业监理工程师对竣工资料及各专业工程的质量情况进行全面检查，对检查出的问题，应督促施工单位及时整改。对需要进行功能试验的项目（包括单机试车和无负荷试车），监理工程师应督促施工单位及时进行试验，并对重要项目进行监督、检查，必要时请建设单位和设计单位参加；监理工程师应认真审查试验报告单并督促施工单位搞好成品保护和现场清理。

经项目监理机构对竣工资料及实物全面检查、验收合格后，由总监理工程师签署工程竣工报验单，并向建设单位提出质量评估报告。

四、质量验收备案程序

凡在中华人民共和国境内新建、扩建、改建各类房屋建筑工程和市政基础设施的竣工验收，均应进行备案；竣工备案需要准备的资料有竣工验收报告和相关文件等。

工程竣工验收报告主要包括：建设单位执行基本建设程序情况，对工程勘察、设计、施工、监理等方面的评价，工程竣工验收时间、程序、内容和组织形式，工程竣工验收意见等内容。

工程竣工验收报告中应包含的基本文件如下。

（1）施工许可证。

（2）施工图设计文件审查意见。

（3）验收组人员签署的工程竣工验收意见表。

（4）施工单位签署的工程质量保修书。

（5）法规、规章规定的其他相关文件。

（6）工程质量评估报告；工程质量检查报告；公安消防、环保等部门出具的有关文件。

第二章 建筑工程质量检测工具与使用

第一节 建筑工程质量检测的常用工具与使用

一、钢卷尺的使用

钢卷尺（图 2-1）不仅是建筑施工和质量检查的常用工、量具，也是家庭必备工具之一。其主要用来度量和检查施工完成的线面和弧形尺寸等。

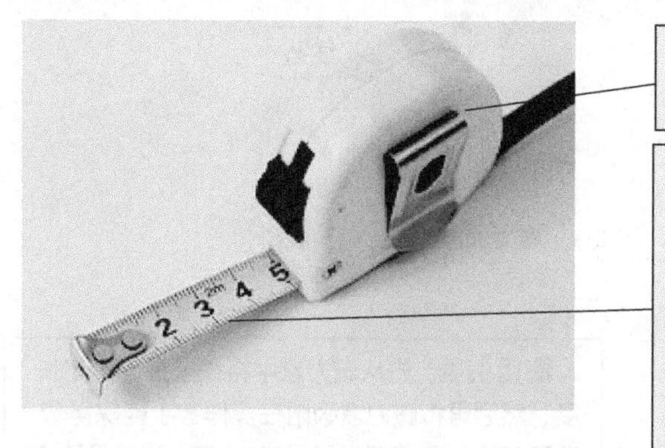

钢卷尺规格较多，常用的有1m、2m、3m和5m等。
有些钢卷尺上的数字分为两排，一排数字单位是厘米(cm)，一排单位是英寸(in)[1]，两个数字相距较短的数字单位是厘米，较长的为英寸。单位厘米的数字字体也比英寸的小，使用中一般用单位厘米的。

图 2-1 钢卷尺

建筑施工检查过程中钢卷尺的使用十分广泛，例如检查柱子的截面尺寸（图 2-2）、检查钢筋的长度等。

二、线坠的使用

线坠的主要作用是依靠重力作用检验施工作业线面的垂直度，实际工程中多数使用的是磁力线坠（图 2-3）。

磁力线坠适用于上下水、消防水、采暖、燃气等竖向金属管道安装工程的垂直度检测（图 2-4），还适用于高度在 3～5m 的钢管柱或钢柱安装工程的垂直度检测。

---

[1] 1in＝25.4mm。

操作指导：检测柱子截面尺寸时，每根柱子应检测两个截面的尺寸，同时还要将钢卷尺的端头让出100mm后再进行检查，以免出现误差。

图 2-2　使用钢卷尺检查柱子截面尺寸

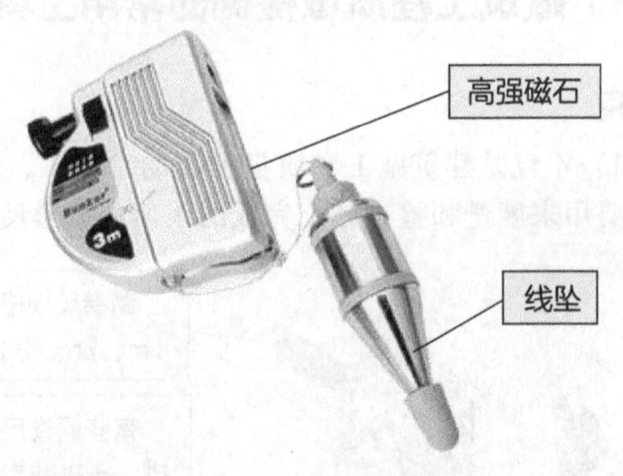

图 2-3　磁力线坠

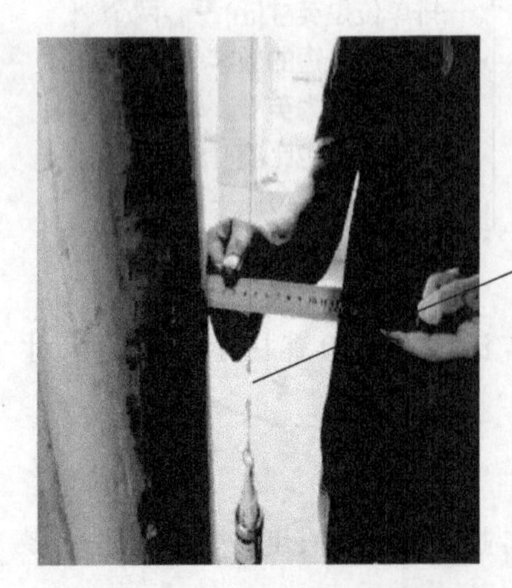

使用指导：先从磁力盒中将线坠拉出一定长度，然后再将磁力盒吸附在操作者手能探得着的高度处，再用钢卷尺量定1m高。当线坠稳定后，用钢板尺在线坠上端测定其垂直度偏差值。检测时应在每根受检管道的正、侧两个方向各检测一处垂直度。

图 2-4　磁力线坠检查管道垂直度

三、垂直检测尺和塞尺的使用

1. 垂直检测尺

垂直检测尺（图 2-5）又称靠尺，是建筑物体平面的垂直度检测、水平度检测、平整度检测，家装监理中使用频率最高的一种检测工具。检测墙面、瓷砖是否平整、垂直。检测地板龙骨是否水平、平整。

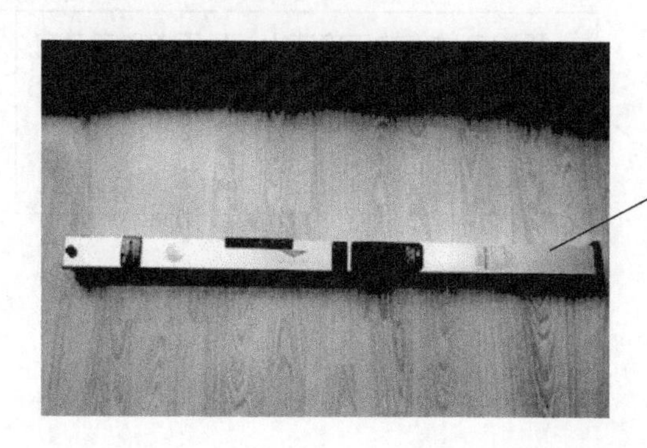

检测尺为可展开式结构，合拢长1m，展开长2m。

图 2-5 垂直检测尺

(1) 墙面垂直度检测 手持 2m 检测尺（图 2-6）中心，将检测尺立于同检测者腰高同高的墙面上，但是，如果墙下面的勒脚或饰面未做到底时，应将其往上延伸相同的高度。

操作指导： 2m检测时，将检测尺展开后锁紧连接扣，直读指针所指上行刻度数值，此数值即为被测面2m垂直度偏差，每格为1mm。如被测面不平整，可用右侧上下靠脚(中间靠脚旋出不要)检测。

图 2-6 墙面垂直度检测

用于 1m 检测时，推下仪表盖。活动销推键向上推，将检测尺左侧面靠紧被测面（注意：握尺要垂直，观察红色活动销外露 3～5mm，摆动灵活即可），待指针自行摆动停止时，直读指针所指刻度下行刻度数值，此数值即被测面 1m 垂直度偏差，每格为 1mm。

(2) 墙面平整度检测 检测墙面平整度时（图 2-7），检测尺侧面靠紧被测面，其缝隙大小用楔形塞尺检测。每处应检测三个点，即竖向一点，并在其原位左右交叉 45°各一点，取其三点的平均值。

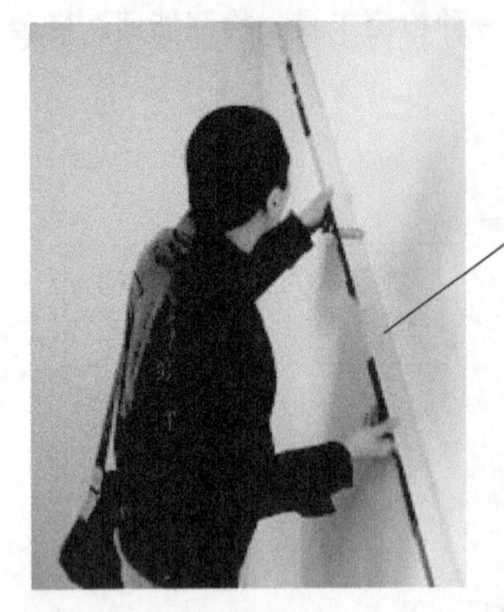

平整度数值的正确读出，是用楔形塞尺塞入缝隙最大处确定的，但是，如果手放在靠尺板的中间，或两手分别放在距两端1/3处检测时，应在端头减去100mm再进行读数。

图 2-7　墙面平整度检测

(3) 地面平整度检测　检测地面平整度时（图 2-8），与检测墙面平整度方法基本相同，仍然是每处应检测三个点，即顺直方向一点，并在其原位左右交叉45°各一点，取其三点的平均值。

图 2-8　地面平整度检测

2. 塞尺

塞尺（图 2-9）是由一组具有不同厚度级差的薄钢片组成的量规。塞尺用于测量间隙尺寸。在检验被测尺寸是否合格时，可以用此法判断，也可由检验者根据塞尺与被测表面配合的松紧程度来判断。

塞尺的使用方法如下。

① 用干净的布将塞尺测量表面擦拭干净，不能在塞尺沾有油污或金属屑末的情况下进行测量，否则将影响测量结果的准确性。

② 将塞尺插入被测间隙中（图 2-10），来回拉动塞尺，感到稍有阻力，说明

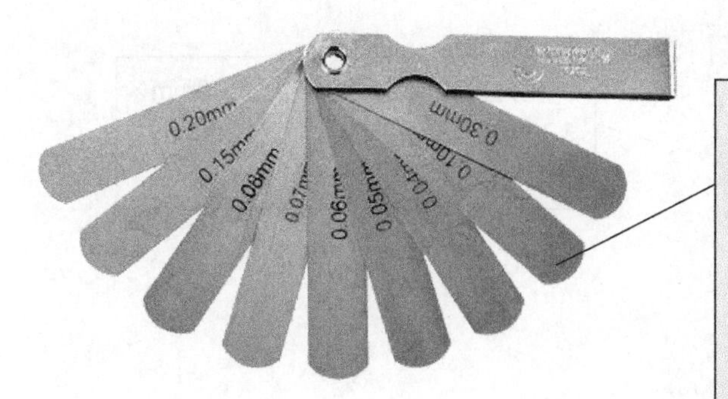

塞尺一般用不锈钢制造，最薄的为0.02mm，最厚的为3mm。自0.02～0.1mm之间，各钢片厚度级差为0.01mm；自0.1～1mm之间，各钢片的厚度级差一般为0.05mm；自1mm以上，钢片的厚度级差为1mm。

图 2-9 塞尺

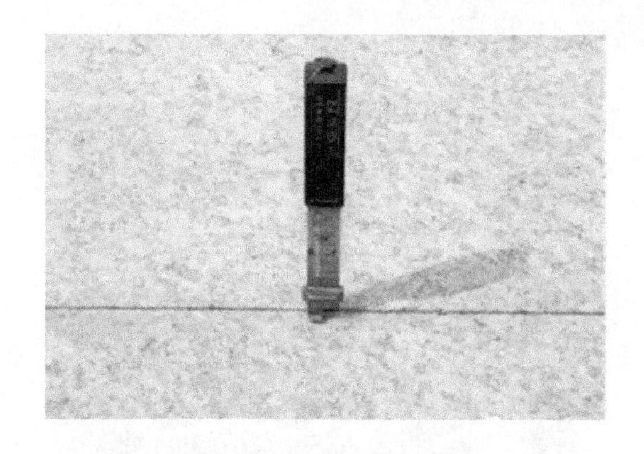

图 2-10 塞尺检测间隙宽度

该间隙值接近塞尺上所标出的数值；如果拉动时阻力过大或过小，则说明该间隙值小于或大于塞尺上所标出的数值。

③ 进行间隙的测量和调整时，先选择符合间隙规定的塞尺插入被测间隙中，然后一边调整，一边拉动塞尺，直到感觉稍有阻力时拧紧锁紧螺母，此时塞尺所标出的数值即为被测间隙值。

四、内外直角检测尺的使用

内外直角检测尺（图 2-11），主要用于检验柱、墙面等阴阳角是否方正，检测建筑物墙、梁的内外直角的偏差，及一般平面的垂直度与水平度，还可用于检测门窗边角是否呈 90°、模板是否呈 90°、阴阳角方正度等内容。

内外直角检测尺的使用方法：检测时，将方尺打开，两手持方尺紧贴被检阳角两个面（图 2-12），看其刻度指针所处状态，当处于“0”时，说明方正度为 90°，即为读数为“0”；当刻度指针向“0”的左边偏离时，说明角度大于 90°；当刻度指针指向“0”的右边偏离时，说明角度小于 90°，偏离几个格，就是误差几毫米。

内外直角检测尺的规格为200mm×130mm，测量单位为±7/130mm，测量精度误差为0.5mm。

图 2-11　内外直角检测尺

图 2-12　阳角检测

五、对角检测尺的使用

对角检测尺（图 2-13）是用来检测方形物体两对角线长度对比偏差。将尺子放在方形物体的对角线上进行测量，对角检测尺为三节伸缩式结构，使用过程中可根据所需进行调节。

对角检测尺的使用方法：检测尺为 3 节伸缩式结构，中节尺设 3 挡刻度线。检测时，大节尺推键应锁定在中节尺上某挡刻度线“0”位，将检测尺两端尖角顶紧被测对角顶点，固紧小节尺。检测另一对角线时，松开大节尺推键，检测后再固紧，目测推键在刻度线上所指的数值，此数值就是该物体上两对角线长度对比的偏差值（单位：mm）。

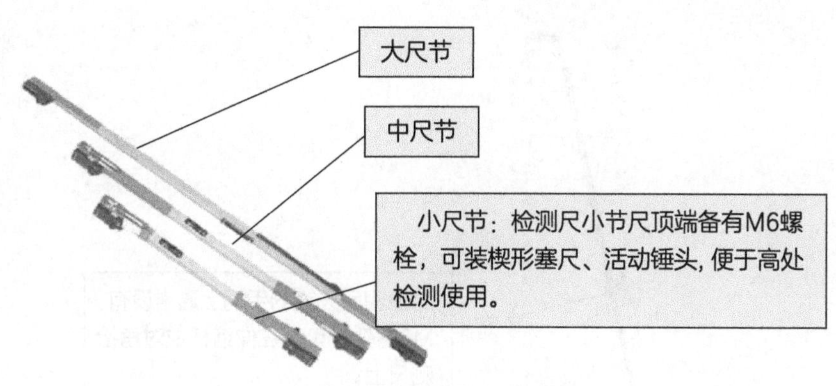

大尺节
中尺节
小尺节：检测尺小节尺顶端备有M6螺栓，可装楔形塞尺、活动锤头，便于高处检测使用。

图 2-13 对角检测尺

第二节 建筑工程质量检测的辅助工具与使用

一、卷线器的使用

卷线器（图 2-14）又称为小线盒，可检测建筑物体的平直度，如砖墙砌体灰缝、踢脚线、墙面板接缝等。检测时，拉紧两端丝线，放在被测处，目测观察对比，检测完毕后用卷线手柄顺时针旋转，将磁线收入盒内。

图 2-14 卷线器

卷线器与钢板尺配合使用检测墙面板接缝垂直度：从卷线器内拉出 5m 长的线，不足 5m 拉通线；检测时需注意，应 3 人进行配合检测，两人拉线、一人用钢板尺测量接缝与小线最大偏差值。

二、检测反光镜的使用

检测反光镜（图 2-15）主要用于检测建筑物体的上冒头、背面、弯曲面等

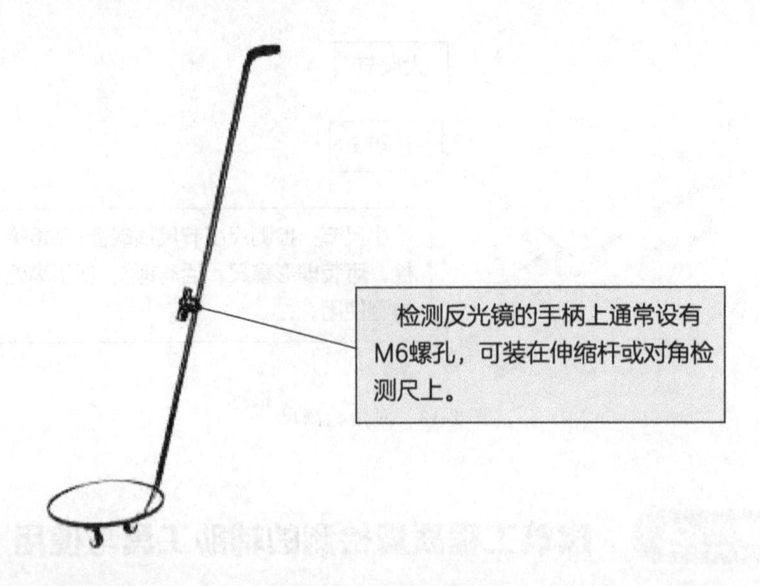

检测反光镜的手柄上通常设有M6螺孔，可装在伸缩杆或对角检测尺上。

图 2-15　检测反光镜

不宜直接观察到的地方，以便于进行高处检测。

三、小锤的使用

小锤又称为响鼓锤（图 2-16），主要用于检测房屋墙面、地砖是否有空鼓，可以通过锤头与墙面撞击的声音来判断。响鼓锤通常使用的为锤头重 10g、锤头重 25g 和可伸缩式的响鼓锤。

图 2-16　响鼓锤

1. 伸缩式响鼓锤

伸缩式响鼓锤（图 2-17）的作用：主要是用来检查地（墙）砖、乳胶漆墙面与较高墙面的空鼓情况。

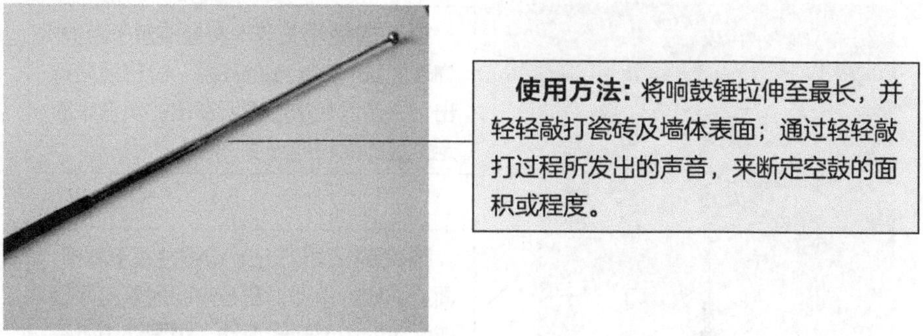

使用方法：将响鼓锤拉伸至最长，并轻轻敲打瓷砖及墙体表面；通过轻轻敲打过程所发出的声音，来断定空鼓的面积或程度。

图 2-17 伸缩式响鼓锤

2. 大响鼓锤

大响鼓锤（图 2-18）锤尖的作用：是用来检测大块石材板面，或大块陶瓷面砖的空鼓面积或程度的；大响鼓锤锤头的作用：用来检查较厚的水泥砂浆找坡层及找平层，或厚度在 40mm 左右混凝土面层的空鼓面积或空鼓程度。

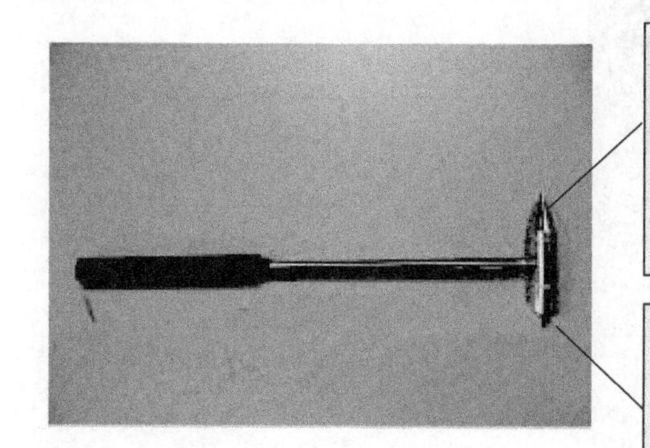

锤尖的使用方法：将锤尖置于其板面或面砖的角部，左右来回退着向面板或面砖的中部轻轻滑动，边滑动边听其声音，并通过滑动过程所发出的声音来断定空鼓的面积或程度。

锤头的使用方法：将锤头置于距其表面20～30mm的高度，轻轻反复敲击，并通过轻击过程所发出的声音来断定空鼓的面积或程度。

图 2-18 大响鼓锤

3. 小响鼓锤

小响鼓锤（图 2-19）锤头的作用：是用来检测厚度在 20mm 以下的水泥砂浆找平层、找坡层、面层的空鼓面积或程度的；小响鼓锤锤尖的作用：用来检测小块陶瓷面砖的空鼓面积或程度的。

四、百格网的使用

百格网（图 2-20）就是按照一块标准砖的尺寸为外边尺寸，在该矩形内均分为 100 分格，用来检测砌体的灰浆饱满度。灰浆饱满度一般要求应在 80%以上。其制作材料有金属网格也有塑料的。

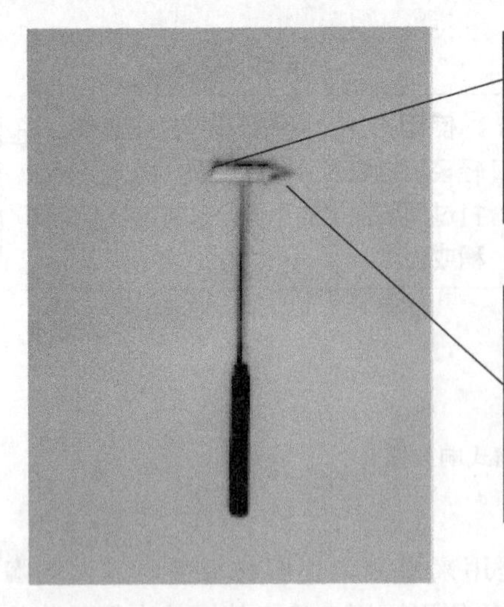
锤头的使用方法: 将锤头置于距被测物表面20～30mm的高度，轻轻反复敲击，并通过轻击过程所发出的声音来断定空鼓的面积或程度。
锤尖的使用方法: 将锤尖置于其板面或面砖的角部，左右来回退着向面板或面砖的中部轻轻滑动，边滑动边听其声音，并通过滑动过程所发出的声音来断定空鼓的面积或程度。

图 2-19　小响鼓锤

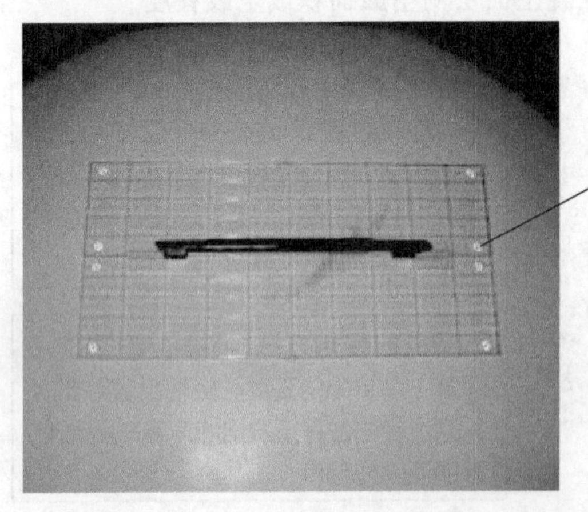
尺寸为: 240mm×115mm×3mm。

图 2-20　百格网

使用百格网检测砂浆饱满的操作要点如下。

(1) 检测时，要求在砌筑过程中，对每个操作者跟踪随机抽取三块砖，并将三块砖翻面朝上，用百格网分别检测饱满程度，并且取其三块砖的平均值。

(2) 一般砌体上浆饱满度不小于 80%，保温墙体不小于 90%，超出此范围应返工处理。

(3) 检测时，应对翻上来的三块砖进行检测，不得检查砌体上的三块砖面。

第三章 地基基础工程施工质量验收

第一节 地基施工质量验收

一、灰土地基施工质量验收

1. 检验土料和石灰粉的质量并过筛

检验土料和石灰粉的质量并过筛操作如图 3-1 所示。

图 3-1 土料过筛

土料和石灰粉的质量验收操作的具体内容见表 3-1。

表 3-1 土料和石灰粉质量验收的操作

检验名称	检验方法	质量合格标准
石灰粒径	筛选法	石灰粒径≤5mm
土料有机质含量	实验室焙烧法	土料有机质含量≤5%
土颗粒粒径	筛分法	土颗粒粒径≤5mm
含水量	烘干法	含水量±2%
分层厚度偏差	水准仪检测	分层厚度偏差±50mm

2. 灰土拌和

灰土拌和施工操作如图 3-2 所示。

图 3-2 灰土拌和施工

(1) 灰土的配合比应按设计要求，常用配比为 3∶7 或 2∶8（消石灰与黏性土体积比）。灰土必须过斗，严格控制配合比。拌和时必须均匀一致，至少翻拌 3 次，拌和好的灰土颜色应一致，且应随用随拌。

(2) 灰土施工时，应适当控制含水量。工地检验方法：用手将灰土紧握成团，两指轻捏即碎为宜。如土料水分过大或不足时，应翻松晾晒或洒水润湿，其含水量控制在±2%范围内。

3. 槽底清理

槽底清理施工操作如图 3-3 所示。

图 3-3 槽底清理施工

基坑（槽）底基土表面应将虚土、杂物清理干净，并打两遍底夯。局部有软弱土层或孔洞时应及时挖除，然后用灰土分层回填夯实。

4. 分层铺设灰土

分层铺设灰土施工操作如图 3-4 所示。

经验指导：各层虚铺都用木耙找平，参照高程标志，用尺或标准杆对应检查。

图 3-4 分层铺设灰土

每层的灰土铺摊厚度质量验收可根据不同的施工方法按表 3-2 选用。

表 3-2 灰土最大虚铺厚度

夯具的种类	夯具重量	虚铺厚度/mm	夯实厚度/mm	备 注
人力夯	40～80kg	200～250	120～150	人力打夯，落高 400～500mm
轻型夯实工具	120～400kg	200～250	120～150	蛙式打夯机、柴油打夯机
压路机	机重 6～10t	200～300		双轮

5. 夯打密实

夯压的遍数应根据现场试验确定，一般不少于 4 遍。若采用人力夯或轻型夯实工具，应一夯压半夯，夯夯相连，行行相接，纵横交叉。若采用机械碾压，应控制机械碾压速度。对于机械碾压不能到位的边角部位需补以人工夯实。每层夯压后都应按规定用环刀取样（图 3-5）送检，分层取样试验，符合要求后方可进行上层施工。

二、砂和砂石地基施工质量验收

1. 处理基底表面

处理基底表面操作，如图 3-6 所示。

将地基表面的浮土和杂质清除干净，平整地基，并妥善保护基坑边坡，防止坍土混入砂石垫层中。

2. 分层铺筑砂石

砂和砂石地基应分层铺设操作，如图 3-7 所示。

砂和砂石地基底面宜铺设在同一标高上，如深度不同时，搭接处基土面应挖成踏步或斜坡形，施工应按先深后浅的顺序进行。搭接处应注意压实。

先在基层中选择挖掘土壤剖面的位置，然后挖掘土壤剖面，按剖面层次分层采样，每层重复3次。

图 3-5 现场环刀取样

经验指导： 基坑(槽)附近如有低于基底标高的孔洞、沟、井、墓穴等，应在未填砂石前按设计要求先行处理。对旧河暗沟应妥善处理，旧池塘回填前应将池底浮泥清除。

图 3-6 人工处理基底表面

经验指导： 铺筑砂石的每层厚度一般为150～250mm，不宜超过300mm，分层厚度可用样桩控制。如坑底土质较软弱时，第一分层砂石虚铺厚度可酌情增加，增加厚度不计入垫层设计厚度内。如基底土结构性很强时，在垫层最下层宜先铺设150～200mm厚松砂，用木夯仔细夯实。

图 3-7 砂和砂石分层铺设

3. 夯实或碾压

砂和砂石地基夯实操作如图 3-8 所示。

经验指导: 大面积的砂石垫层,宜采用6～10t的压路机碾压,边角不到位处可用人力夯或蛙式打夯机夯实,夯实或碾压的遍数根据要求的密实度由现场试验确定。用木夯(落距应保持为400～500mm)、蛙式打夯机时,要一夯压半夯,行行相接,全面夯实,一般不少于3遍。采用压路机往复碾压,一般碾压不少于4遍,其轮距搭接不小于500mm。边缘和转角处应用人工或蛙式打夯机补夯。

图 3-8 砂石地基夯实操作

夯压施工操作质量验收的具体内容见表 3-3。

表 3-3 夯压施工操作质量验收

压实方法	虚铺厚度/mm	含水量/%	施工说明
夯实法	200～250	8～12	用蛙式夯夯实至要求的密实度,一夯压半夯,全面夯实
碾压法	200～300	8～12	用 6～10t 的平碾往复碾压密实,平碾行驶速度可控制在 24km/h,碾压次数以达到要求的密实度为准,一般不少于 4 遍

4. 砂和砂石地基整体施工质量验收要点

砂和砂石地基整体施工质量验收的具体内容见表 3-4。

表 3-4 砂和砂石地基整体施工质量验收

检验名称	检验方法	质量合格标准
地基承载力	按图纸设计规定方法	符合图纸设计要求或规范要求
配合比	检查拌和时的体积比或质量比	符合图纸设计要求或规范要求
压实系数	现场实测	符合图纸设计要求或规范要求
砂石料有机质含量	烘焙法	砂石料有机质含量≤5%
砂石料泥含量	水洗法	砂石料泥含量≤5%
石料粒径	筛分法	石料粒径≤100mm
含水量(与最优含水量比较)	烘干法	含水量(与最优含水量比较)±2%
分层厚度(与设计要求比较)	水准仪	分层厚度(与设计要求比较)±50mm

5. 砂和砂石地基常见质量问题及解决方法

砂和砂石地基的常见问题及处理方法的主要内容见表 3-5。

三、粉煤灰地基施工质量验收

1. 粉煤灰含水量的设置

粉煤灰地基铺设（图 3-9）时其含水率应控制在最优含水量范围内，如含水量过大时，需摊铺晒干再碾压。

表 3-5　砂和砂石地基的常见质量问题及处理方法

常见质量问题	处理方法
大面积下沉	主要是未按质量要求施工，分层铺筑过厚、碾压遍数不够、洒水不足等。要严格执行操作工艺的要求
局部下沉	边缘和转角处夯打不实，留、接槎没按规定搭接和夯实。对边角处的夯打不得遗漏
级配不良	应配专人及时处理砂窝、石堆等问题，做到砂石级配良好
密实度不符合要求	坚持分层检查砂石地基的质量。每层的纯砂检查点的干砂质量密度必须符合规定，否则不能进行上一层的砂石施工

操作指导：粉煤灰铺设后，应于当天压完。如压实时含水量过小，呈现松散状态，则应洒水湿润再压实，洒水的水质不得含有油质，pH值应为6～9。

图 3-9　粉煤灰地基铺设

2. 垫层铺设

垫层应分层铺设（图 3-10）与碾压，用机械夯铺设厚度为 200～300mm。

在软弱地基上填筑粉煤灰垫层时，应先铺设厚200mm的中、粗砂或高炉干渣，以免下卧软土层表面受到扰动，同时有利于下卧软土层的排水固结，并切断毛细水的上升。

图 3-10　粉煤灰垫层铺设

3. 粉煤灰地基施工质量验收要点

粉煤灰地基施工质量验收的具体内容见表 3-6。

表 3-6 粉煤灰地基施工质量验收

检验名称	检验方法	质量合格标准
压实系数	现场实测	符合图纸设计要求或规范要求
地基承载力	按规定方法	符合图纸设计要求或规范要求
粉煤灰粒径	过筛	粉煤灰粒径控制在 0.001～2.000mm 之间
氧化铝及二氧化硅含量	试验时化学分析	氧化铝及二氧化硅含量≥70%
烧失量	试验室烧结法	≤12%
每层铺筑厚度	水准仪	每层铺筑厚度±50mm
含水量(与最优含水量比较)	取样后试验室确定	含水量(与最优含水量比较)±2%

4. 粉煤灰地基常见质量问题及解决方法

(1) 常见质量问题　铺筑厚度不均匀、碾压不合格。

(2) 解决方法　在粉煤灰地基施工中要检查铺筑厚度、碾压遍数，对施工含水量进行控制，注意搭接区碾压程度和压实系数。粉煤灰填筑的施工参数在试验后进行确定。摊铺一层后，先用履带式机具或轻型压路机初压 1～2 遍，再用中、重型振动压路机振碾 3～4 遍，速度为 2.0～2.5km/h，静碾一至二遍，碾压轮迹要相互搭接，后轮要超过两施工段的搭接。

四、高压喷射注浆施工质量验收

1. 施工作业条件

(1) 应具有岩土工程勘察报告、基础施工图和施工组织设计。

(2) 施工场地内的地上和地下障碍已消除或拆迁。

(3) 平整场地，挖好排浆沟、排水沟，设置临时设施。

(4) 测量放线，并设置桩位标志。

(5) 取现场大样，在室内按不同含水量和配合比进行配方试验，选取最优、最合理的浆液配方。

(6) 机具设备已配齐，进场，并进行维修安装就位，进行试运转、现场试桩，确定桩的施工各项施工参数和工艺。

2. 高压喷射注浆

高压喷射注浆操作如图 3-11 所示。

高压喷射注浆操作具体内容见表 3-7。

3. 高压喷射注浆操作质量验收要点

高压喷射注浆施工质量验收的具体内容见表 3-8。

图 3-11 高压喷射注浆施工

表 3-7 高压喷射注浆操作具体内容

步骤	主要内容
钻机就位	根据设计的平面坐标位置进行钻机就位，要求将钻头对准孔位中心，同时钻机平面应放置平稳、水平，钻杆角度和设计要求的角度之间偏差应不大于1.5%
钻孔	在预定的旋喷桩位钻孔，以便旋喷杆可以放置到设计要求的地层中，钻孔设备可以用普通的地质钻孔或旋喷钻机
插管	当采用旋喷管进行钻孔作业时，钻孔和插管两道工序可合二为一，钻孔达到设计深度时即可开始旋喷，而采用其他钻机钻孔时应拔出钻杆，再插入旋喷管
喷射作业	自下而上地进行旋喷作业，旋喷头部边缘或在一定的角度范围内边来回摆动边上升，此时旋喷作业系统的各项工艺参数都必须严格按照预先设定的要求加以控制，并随时做好关于旋喷时间、用浆量、冒浆情况、压力变化等的记录
拔管	旋喷管被提升到设计标高顶部时，清孔的喷射注浆即告完成
冲洗	在拔出旋喷管后应逐节拆下，进行冲洗，以防浆液在管内凝结堵塞。一次下沉的旋喷管可以不必拆卸，直接在喷浆的管路中泵送清水，即可达到清洗的目的
移开钻机	将钻机移到下一孔位

表 3-8 高压喷射注浆施工质量验收

检验名称	检验方法	质量合格标准
水泥及外掺剂质量	查产品合格证书或抽样送检	查产品合格证书或抽样送检
水泥用量	查看流量表及水泥浆水灰比	查看流量表及水泥浆水灰比
桩体强度或完整性检验	按规定方法	按规定方法
地基承载力	按规定方法	按规定方法
钻孔位置	用钢尺量	钻孔位置≤50mm
钻孔垂直度	经纬仪测钻杆或实测	钻孔垂直度≤1.5%
注浆压力	查看压力表	按设定参数指标检查
桩体搭接	钢钢尺量	桩体搭接＞200mm
桩体直径	开挖后用钢尺量	桩体直径≤50mm
桩身中心允许偏差	开挖后桩顶下500mm处用钢尺量，D为桩径	桩身中心允许偏差≤0.2D

4. 高压喷射注浆操作常见质量问题及处理方法

（1）高压喷射注浆加固地基加固体强度不均，如图 3-12 所示。

经验指导：旋喷加固体的成桩直径不一致，桩身强度不均匀，局部区段出现缩颈。

图 3-12 高压喷射注浆强度不均

解决方法：① 应根据设计要求和地质条件，选用不同的旋喷法、不同的机具和不同的桩位布置。

② 旋喷浆液前，应做压水压浆压气试验，检查各部件各部位的密封性和高压泵、钻机等的运转情况。一切正常后方可配浆，准备旋喷，保证旋喷连续进行。

③ 配浆时必须用筛过滤，过滤网眼应小于喷嘴直径，搅拌池（槽）的浆液要经常翻动，不得沉淀，因故需较长时间中断旋喷时，应及时压入清水，使泵、注浆管和喷嘴内无残液。

④ 对易出现缩颈部位及底部不易检查处，采用定位旋转喷射（不提升）或复喷的扩大桩径办法。

⑤ 根据旋喷固结体的形状及桩身匀质性，调整喷嘴的旋转速度、提升速度、喷射压力和喷浆量。

⑥ 控制浆液的水灰比及稠度。

⑦ 严格要求喷嘴的加工精度、位置、形状、直径等，保证喷浆效果。

（2）高压喷射注浆加固地基出现沉管、冒浆问题，如图 3-13 所示。

经验指导：旋喷设备钻孔困难，并出现偏斜过大及冒浆现象。

图 3-13 注浆时出现冒浆

解决方法：① 放桩位点时应钎探，摸清情况，遇有地下物应清除或移桩位点。

② 旋喷前场地要平整夯实或压实，稳钻杆或下管要双向校正，使垂直度控制在1%范围内。

③ 利用侧口式喷头，减小出浆口孔径并提高喷射压力，使压浆量与实际需要量相当，以减少冒浆量。

④ 回收冒浆量，除去泥土过滤后再用。

⑤ 采取控制水泥浆配合比（一般为0.6～1.0），控制好提升、旋转、注浆等措施。

五、基坑支护施工质量验收

1. 土钉墙

土钉墙施工操作如图3-14所示。

成孔后应及时安插土钉主筋，立即注浆，防止塌孔。施工过程中应注意保护定位控制桩、水准基点桩，防止碰撞产生位移。

图3-14 土钉墙现场施工照片

土钉墙施工操作质量验收的主要内容见表3-9。

表3-9 土钉墙施工操作质量验收的主要内容

名称	主要内容
排水设施的设置	①水是土钉支护结构最为敏感的问题，不但要在施工前做好降排水工作，还要充分考虑土钉支护结构工作期间地表水及地下水的处理，设置排水构造措施 ②基坑四周地表应加以修整并构筑明沟排水和水泥砂浆或混凝土地面，严防地表水向下渗流
基坑开挖	基坑要按设计要求严格分层分段开挖，在完成上一层作业面土钉与喷射混凝土面达到设计强度的70%以前，不得进行下一层土层的开挖。每层开挖最大深度取决于在支护投入工作前土壁可以自稳而不发生滑移破坏的能力，实际工程中常取基坑每层挖深与土钉竖向间距相等。每层开挖的水平分段也取决于土壁自稳能力，且与支护施工流程相互衔接，一般多为10～20m长。当基坑面积较大时，允许在距离基坑四周边坡8～10m的基坑中部自由开挖，但应注意与分层作业区的开挖相协调
设置土钉	①若土层地质条件较差时，在每步开挖后应尽快做好面层，即对修整后的边壁立即喷上一层薄混凝土或砂浆；若土质较好的话，可省去该道面层 ②土钉设置通常做法是先在土体上成孔，然后置入土钉钢筋并沿全长注浆，也可以是采用专门设备将土钉钢筋击入土体

续表

名称	主 要 内 容
钻孔	①钻孔前应根据设计要求定出孔位并做出标记和编号，钻孔时要保证位置正确(上下左右及角度)，防止高低参差不齐和相互交错 ②钻进时要比设计深度多钻进 100～200mm，以防止孔深不够
插入土钉钢筋	插入土钉钢筋前要进行清孔检查，若孔中出现局部渗水、塌孔或掉落松土，应立即处理。土钉钢筋置入孔中前，要先在钢筋上安装对中定位支架，以保证钢筋处于孔位中心且注浆后其保护层厚度不小于 25mm。支架沿土钉长度的间距可为 2～3m 左右，支架可为金属或塑料件，以不妨碍浆体自由流动为宜
注浆	①注浆材料宜选用水泥浆、水泥砂架。注浆用水泥砂装的水灰比不宜超过 0.4～0.45，当用水泥净浆时水灰比不宜超过 0.45～0.5，并宜加入适量的速凝剂等外加剂以促进早凝和控制泌水 ②一般可采用重力、低压(0.4～0.6MPa)或高压(1～2MPa)注浆，水平孔应采用低压或高压注浆。压力注浆时应在孔口或规定位置设置止浆塞，注满后保持压力 3～5min。重力注浆以满孔为止，但在浆体初凝前需补浆 1～2 次

2. 砖砌挡土墙

砖砌挡土墙施工操作如图 3-15 所示。

砌筑挡土墙外露面应留深10～20mm勾槽缝，按设计要求勾缝；预埋泄水管应位置准确，泄水孔每隔2m设置一个，渗水处适当加密，上下排泄水孔应交错位置；泄水孔向外横坡为3%，最底层泄水管距地面高度为30cm。进水口填级配碎石反滤层进行处理。

图 3-15 砖砌挡土墙现场照片

砖砌挡土墙施工操作质量验收的内容见表 3-10。

表 3-10 砖砌挡土墙施工质量验收的内容

名称	主 要 内 容
基础测量放线	根据设计图纸，按围墙中线、高程点测放挡土墙的平面位置和纵段高程，精确测定挡土墙基座主轴线和起讫点、伸缩缝位置，每端的衔接是否顺直，并按施工放样的实际需要增补挡土墙各点的地面高程，并设置施工水准点，在基础表面上弹出轴线及墙身线
基坑开挖	①挡土墙基坑采用挖掘机开挖，人工配合挖掘机刷底。基础的部位尺寸、形状，埋置深度均按设计要求进行施工。当基础开挖后若发现与设计情况有出入时，应按实际情况调整设计，并向有关部门汇报 ②基础开挖为明挖基坑，在松软地层或陡坡基层地段开挖时，基坑不宜全段贯通，而应采用跳槽办法开挖，以防止上部失稳。当基地土质为碎石土、砂砾土、黏性土等时，应将其整平夯实

续表

名称	主 要 内 容
砂浆拌制	①砂浆宜采用机械搅拌，投料顺序应先倒砂、水泥，最后加水。搅拌时间宜为3～5min，不得少于90s。砂浆稠度应控制在50～70mm ②砂浆配制应采用质量比，砂浆应随拌随用，保持适宜的稠度，一般宜在3～4h使用完毕，当气温超过30℃时，宜在2～3h使用完毕。发生离析、泌水的砂浆，砌筑前应重新拌和，已凝结的砂浆不得使用
扩展基础浇筑	①开挖基槽及基础后检查基底尺寸及标高，报请监理工程师验收，浇筑前要检查基坑底预留坡度是否为10%(即内低外高)，预留坡度的作用是防止墙内土的挤压力引起墙体向外滑动，验收合格后方可浇筑垫层 ②进行放线扩展基础，支模前放出基础底边线和顶边线之间挂线控制挡土墙的坡度

六、浅基础施工质量验收

1. 条形基础施工

条形基础施工操作如图3-16所示。

基础模板应有足够的强度和稳定性，连接宽度应符合规定，模板与混凝土接触面应清理干净并刷隔离剂，基础放线准确；钢筋的品种、质量、焊条的型号应符合设计要求，混凝土的配合比、原材料计量、搅拌养护和施工缝的处理符合施工规范要求。

图3-16　条形基础施工

条形基础施工操作质量验收的内容见表3-11。

表3-11　条形基础施工操作验收主要内容

名称	主 要 内 容
模板的加工及拼装	基础模板一般由侧板、斜撑、平撑组成。基础模板安装时，先在基槽底弹出基础边线，再把侧板对准边线垂直竖立，校正调平无误后，用斜撑和平撑钉牢。如基础较大，可先立基础两端的两侧板，校正后再在侧板上口拉通线，依照通线再立中间的侧板。当侧板高度大于基础台阶高度时，可在侧板内侧按台阶高度弹准线，并每隔2m左右在准线上钉圆顶，作为浇捣混凝土的标志。每隔一定距离左侧板上口钉上搭头木，防止模板变形
基础浇筑	基础浇筑应分段分层连续进行，一般不留施工缝。各段各层间相互衔接，每段长2～3m，逐段逐层呈阶梯形推进，注意先使混凝土充满模板边角，然后浇筑中间部分，以保证混凝土密实

2. 独立基础施工

独立基础施工操作如图3-17所示。

浇筑混凝土前检查钢筋位置是否正确，振捣混凝土时防止碰动钢筋，浇完混凝土后立即修正用筋的位置，防止柱筋、墙筋位移；配置梁箍筋时应按内皮尺寸计算，避免量钢筋骨架尺寸小于设计尺寸；箍筋末端应弯成135°，平直部分长度为10d。

图 3-17　独立基础施工

独立基础施工操作质量验收的主要内容，见表 3-12。

表 3-12　独立基础施工操作质量验收

名称	主要内容
钢筋绑扎	垫层浇灌完成后，混凝土达到 1.2MPa 后，表面弹线进项钢筋绑扎，钢筋绑扎不允许漏扣，柱插筋弯钩部分必须与底板筋成 45°绑扎，连接点处必须全部绑扎，距底板 5cm 处绑扎第一个箍筋，距基础顶 5cm 处绑扎最后一个箍筋，作为标高控制筋及定位筋，柱插筋最上部再绑扎一道定位筋，上下箍筋及定位箍筋绑扎完成后将柱插筋调整到位并用井字木架临时固定，然后绑扎剩余箍筋，保证柱插筋不变形走样，两道定位筋在基础混凝土浇筑完成后，必须进行更换
模板	钢筋绑扎及相关施工完成后立即进行模板安装，模板采用小钢模或木模，利用架子管或木方加固。锥形基础坡度＜30°时，采用斜模板支护，利用螺栓与底板钢筋拉紧，防止上浮，模板上设透气和振捣孔，坡度≤30°时，利用钢丝网（间距 30cm）防止混凝土下坠，上口设井字木控制钢筋位置。不得用重物冲击模板，不准在吊帮的模板上搭设脚手架，保证模板的牢固和严密
混凝土浇筑	混凝土应分层连续进行，间歇时间不超过混凝土初凝时间，一般不超过 2h，为保证钢筋位置正确，先浇一层 5～10cm 混凝土固定钢筋。台阶形基础每一台阶高度整体浇筑，每浇筑完一台阶停顿 0.5h 待其下沉，再浇上一层。分层下料，每层厚度为振动棒的有效长度。应防止由于下料过厚、振捣不实或漏振、吊帮的根部砂浆涌出等原因造成蜂窝、麻面或孔洞
混凝土找平	混凝土浇筑后，表面比较大的混凝土，使用平板振捣器振一遍，然后用刮杆刮平，再用木抹子搓平。收面前必须校核混凝土表面标高，不符合要求处立即整改

第二节　桩基础施工质量验收

一、人工挖孔桩施工质量验收

人工挖孔桩施工质量操作如图 3-18 所示。

桩孔开挖施工时，应注意观察地面和邻近建（构）筑物的变化，以保证其安全；挖出的土方应及时运走，不得堆放在孔口附近，孔口四周2m范围内不得堆放杂物，3m内不得行驶和停放车辆。

图 3-18 人工挖孔桩施工

人工挖孔桩施工操作质量验收的内容见表 3-13。

表 3-13 人工挖孔桩施工质量验收

名称	主要内容
开挖第一节桩孔土方	由人工开挖从上到下逐层进行，先挖中间部分的土方，然后扩及周边，有效控制开挖截面尺寸。每节的高度应根据土质好坏及操作条件而定，一般以 0.9～1.2m 为宜。开孔完成后进行一次全面测量校核工作，对孔径、桩位中心检测无误后进行支护
安放混凝土护壁的钢筋、支护壁模板	①成孔后应设置井圈，宜优先采用现浇钢筋混凝土井圈护壁。当桩的直径不大，深度小、土质好、地下水位低的情况下也可以采用素混凝土护壁。护壁的厚度应根据井圈材料、性能、刚度、稳定性、操作方便、构造简单等要求，并按受力状况，以及所承受的土侧压力和地下水侧压力，通过计算来确定 ②土质较好的小直径桩护壁可不放钢筋，但当设计要求放置钢筋或挖土遇软弱土层需加设钢筋时，桩孔挖土完毕并经验收合格后，安放钢筋，然后安装护壁模板。护壁中水平环向钢筋不宜太多，竖向钢筋端部宜弯成 U 形钩并打入挖土面以下 100～200mm，以便与下一节护壁中钢筋相连接 ③护壁模板用薄钢板、圆钢、角钢拼装焊接成弧形工具式内钢模，每节分成 4 块，大直径桩也可分成 5～8 块，或用组合式钢模板预制拼装而成。采取拆上节、支下节的方式重复周转使用。模板之间用卡具、扣件连接固定，也可以在每节模板的上下端各设一道用槽钢或角钢做成的圆弧形内钢圈作为内侧支撑，防止内模变形。为方便操作不设水平支撑
浇灌第一节护壁混凝土	①桩孔挖完第一节后应立即浇筑护壁混凝土，人工浇筑，人工捣实，不宜用振动棒。混凝土强度一般为 C20，坍落度控制在 70～100mm 护壁模板宜 24h 后，强度＞5MPa 后拆除，一般在下节桩孔土方挖完后进行。拆模后若发现护壁有蜂窝、漏水现象，应加以堵塞或导流 ②第一节护壁筑成后，将桩孔中轴线控制点引回到护壁上，并进一步复核无误后，作为确定地下和节护壁中心的基准点，同时用水准仪把相对水准标高标定在第一节孔圈护壁上

人工挖孔桩施工过程中常出现不规范操作的现象，如图 3-19 所示。

原因分析：现场实际操作工人对于施工工艺不熟悉，施工前没有进行安全教育，没有按照安全操作规范进行施工，监理人员监管不到位等原因造成错误现象的发生。

图 3-19 人工挖孔不规范

解决方法：孔口第一节混凝土护壁高出地面 20～30cm，且挖孔时不能将出渣堆放在孔口处。

① 孔口第一节混凝土护壁未高出地面 20～30cm，或挖孔时将出渣堆平孔口。该问题导致下雨时雨水流入孔内，给挖孔带来困难，甚至塌孔。地面杂物、石块等易滚入孔中伤及工人。

② 孔口四周未挖排水沟。挖排水沟，及时排除地表水，以防入孔。

③ 挖孔时将出渣堆放在桩孔周围。该问题易导致孔壁土压力增大，可能使孔壁开裂。

④ 未根据不同土层选用合适的孔壁支护类型。该问题易造成无法成孔或孔壁坍塌，影响挖孔工人安全，影响进度。

处理方法：合理选用支护类型。

① 素混凝土护壁：适用于各类普通土层。

② 钢筋混凝土护壁：一般用于渗水较大的流砂、淤泥层中。

③ 钢护筒护壁：渗水、涌水特别大的流砂层、淤泥层。

二、静压力桩施工质量验收

1. 静压力桩施工准备工作

静压力桩施工准备工作如图 3-20 所示。

（1）对建筑物基线以外 4～6m 以内的整个区域及打桩机行驶路线范围内的场地进行平整、夯实。在桩架移动路线上，地面坡度不得大于 1%。

（2）修好运输道路，做到平坦坚实。打桩区域及道路近旁应排水畅通。

（3）在打桩现场或附近需设置水准点，数量为两个，用以抄平场地和检查桩的入土深度。根据建筑物的轴线控制桩定出桩基每个桩位，做出标志，并在打桩前对桩的轴线和桩位进行复验。

（4）打桩机进场后，应按施工顺序铺设轨垫，安装桩机和设备，接通电源、水源，并进行试机，然后移机至起点桩就位，桩架应垂直平稳。

图 3-20 打桩机就位

2. 静压力桩操作

静压力桩操作的具体内容见表 3-14。

表 3-14 静压力桩操作具体内容

步骤	主要内容
测量定位	施工前放好轴线和每一个桩位，在桩位中心打一根短钢筋，并涂上油漆，使标志明显。如在较软的场地施工，由于桩机的行走会挤走预定短钢筋，当桩机大体就位之后要重新测定桩位
桩尖就位、对中、调直	开动压桩油缸，将桩压入土中 1m 左右后停止压桩，调整桩在两个方向的垂直度。第一节桩是否垂直是保证桩身质量的关键
压桩	通过夹持油缸将桩夹紧，然后使压桩油缸深沉，将压力施加到桩上，压入力由压力表反映。在压桩过程中要认真记录桩入土深度和压力表读数的关系，以判断桩的质量及承载力
接桩	当下一节桩压到露出地面 0.8～1.0m 时应接上一节桩
送桩或截桩	如果桩顶接近地面，而压桩力尚未达到规定值，可以送桩。静力压桩情况下，只要用另一节长度超过要求送压深度的桩放在被送的桩顶上便可以送桩，不必用专用的送桩机移位

3. 静压力桩操作质量验收要点

静压力桩质量验收的具体内容见表 3-15。

表 3-15 静压力桩施工质量验收

检验名称	检验方法	质量合格标准
桩位偏差	钢尺检查	桩数为 1～3 根桩基中的桩，允许偏差 100mm； 桩数为 4～16 根桩基中的桩，允许偏差 1/2 桩径或边长； 桩数为大于 16 根桩基中的桩：最外边的桩，允许偏差1/3 桩径或边长；中间桩，允许偏差 1/2 桩径或边长
成品桩外观	直接观测	表面平整，颜色均匀，掉角深度＜10mm，蜂窝面积小于总面积的 0.5％

续表

检验名称	检验方法	质量合格标准
成品桩强度	查产品合格证书或钻芯试压	满足图纸设计要求或规范规定
硫黄胶泥质量（半成品）	查产品合格证书或抽样送检	满足图纸设计要求或规范规定
接桩	秒表测定	电焊接桩：电焊结束后停歇时间＞1.0min； 硫黄胶泥接桩：胶泥注胶时间＜2min；浇注后停歇时间＞7min
电焊条质量	查产品合格证书	符合设计要求
压桩压力（设计有要求时）	查压力表读数	压桩压力（设计有要求时）±5％
桩顶标高	水准仪检测	桩顶标高±50mm

4. 静压力桩操作常见质量问题及解决方法

静压力桩施工过程中常出现桩顶（底）开裂的现象，如图 3-21 所示。

图 3-21　桩顶开裂

解决方法：由于目前压桩机越来越大，最重可达 6800kN，对于较硬土质，桩有可能达不到设计标高，在反反复复压桩情况下，桩身横向产生强烈应力，如果桩还是按照常规配箍筋，桩顶混凝土抗拉不足开裂，产生垂直裂缝，为处理带来很大困难。此处应该重新对该桩进行检测，检测后若达不到规定的强度，则应将其拔出，重新压桩。

三、钢桩施工质量验收

1. 钢桩施工步骤操作验收

（1）施工前，样桩的控制应按设计原图，并以轴线为基准对样桩逐根复核，做好测量记录，复核无误后方可进行试桩、打桩施工（图 3-22）。

经验指导： 钢管桩打入1～2m后，应重新用经纬仪校正垂直度，当打至一定深度并经复核打桩质量良好时，再连续进行击打，直至高出地面60～80cm，停止锤击，进行接桩，再重复上述步骤，直至达到设计。

图 3-22　打桩施工

(2) 钢管桩吊到桩位进行插桩时，由于桩身及桩帽总自重和桩锤放置在桩顶，桩会自沉，大量贯入土中，待沉至稳定后再行锤击。

(3) 打桩时，必须用两台经纬仪，架设在打桩机的正面和侧面，校正桩机导向杆及桩的垂直度，并保持桩锤、桩帽与桩在同一纵轴线上。

(4) 钢管桩打入时贯入度小于 1～2mm 时，应停打，分析原因，确定解决办法后再继续施工。

(5) 因土体贯入量大而出现空打，需要采用两种重量不同型号的锤进行打桩，即第一节桩用重量小的桩锤，第二节及以后的桩节用重量大的桩锤。

2. 钢桩操作质量验收要点

静压力桩质量验收的具体内容见表 3-16。

表 3-16　钢桩施工质量验收

检验名称	检验方法	质量合格标准
桩位偏差	钢尺检查	桩数为 1～3 根桩基中的桩，允许偏差 100mm 桩数为 4～16 根桩基中的桩，允许偏差 1/2 桩径或边长 桩数为大于 16 根桩基中的桩：最外边的桩，允许偏差 1/3 桩径或边长；中间桩，允许偏差 1/2 桩径或边长
焊缝咬边深度	焊缝检查仪	焊缝咬边深度≤0.5mm
焊缝加强层高度	焊缝检查仪	焊缝加强层高度 2mm
焊缝加强层宽度	焊缝检查仪	焊缝加强层宽度 2mm
焊缝点焊质量外观	直接观测	无气孔、无焊瘤、无裂缝
焊缝探伤检验	按图纸设计要求	满足图纸设计要求

续表

检验名称	检验方法	质量合格标准
电焊结束后停歇时间	按设计要求	>1.0mm
节点弯曲矢量	用钢尺量	$<l/1000$，l 为桩长
桩顶标高	水准仪	± 50mm

3. 钢桩操作常见质量问题及解决方法

钢桩操作施工常常出现桩顶变形的现象，如图 3-23 所示。

产生此现象的原因： 遇到了坚硬的硬夹层，如较厚的砂层、砂卵石层等；由于地质描述不详，勘探点较少，桩顶的减振材料垫得过薄，更换不及时，选材不合适；打桩锤选择不佳，打桩顺序不合理；稳桩校正不严格，造成锤击偏心，影响了垂直贯入；场地平整度偏差过大，造成桩易倾斜打入，使桩沉入困难。

图 3-23　钢桩桩顶变形

解决方法：(1) 根据地质的复杂程度进行详细勘察，加密探孔，必要时，一桩一探（特别是超长桩施打时）。

(2) 放桩位时，先用钎探查找地下物，及时清除后，再放桩位点。

(3) 平整打桩场地时，应将旧房基等挖除掉，场地平整度要求不超过 10%，并要求密实度，能使桩机正常行走，必要时铺砂卵石垫层、灰土垫层或路基箱等措施。

(4) 穿硬夹层时，可选用射水法、气吹法等措施。

(5) 打桩前，桩帽内垫上合适的减振材料，如麻袋、布垫等物，随时更换或一桩一换。稳桩要双向校正，保证垂直打入，垂直偏差不得大于 0.5%。

(6) 打坏变形的桩顶，接桩时应割除掉，以便顺利接桩。

(7) 施打超长且直径较大的桩时，应选用大能量的柴油锤，以重锤低击为佳。

四、混凝土预制桩施工质量验收

桩在现场预制时（图 3-24），应对原材料、钢筋骨架、混凝土强度进行检查。采用工厂生产的成品桩时，桩进场后应进行外观及尺寸检查。

混凝土预制桩可在工厂生产，也可在现场支模预制。对工厂的成品桩虽有产

经验指导：施工中应对桩体垂直度、沉桩情况、桩顶完整状况、接桩质量等进行检查。对电焊接桩，重要工程应做10%的焊缝探伤。

图 3-24　现场预制混凝土桩

品合格证书，但在运输过程中容易碰坏，为此，进场后应再做检查。

经常发生接桩时电焊质量较差，从而接头在锤击过程中断开，尤其接头对接的两端面不平整，电焊更不容易保证质量，因此对重要工程做 X 射线拍片检查是完全必要的。

混凝土预制桩施工质量验收要点见表 3-17 和表 3-18。

表 3-17　混凝土预制桩钢筋骨架质量验收

检验名称	检验方法	质量合格标准
主筋距桩顶距离	钢尺检查	允许偏差±5mm
多节桩锚固钢筋位置	钢尺检查	允许偏差 5mm
多节桩预埋铁件	钢尺检查	允许偏差±3mm
主筋保护层厚度	钢尺检查	允许偏差±5mm
主筋间距	钢尺检查	允许偏差±5mm
桩尖中心线	钢尺检查	允许偏差 10mm
箍筋间距	钢尺检查	允许偏差±20mm
桩顶钢筋网片	钢尺检查	允许偏差±10mm
多节桩锚固钢筋长度	钢尺检查	允许偏差±10mm

表 3-18　钢筋混凝土预制桩质量验收

检验名称	检验方法	质量合格标准
桩体质量检查	按基桩检测技术规范	按基桩检测技术规范
桩位偏差	钢尺检查	桩数为 1～3 根桩基中的桩，允许偏差 100mm 桩数为 4～16 根桩基中的桩，允许偏差 1/2 桩径或边长 桩数为大于 16 根桩基中的桩：最外边的桩，允许偏差1/3 桩径或边长；中间桩，允许偏差 1/2 桩径或边长

续表

检验名称	检验方法	质量合格标准
承载力	按基桩检测技术规范	按基桩检测技术规范
成品桩外形	直接观测	表面平整、颜色均匀、掉角深度<10mm。蜂窝面积小于总面积的0.5%
成品桩裂缝	裂缝测定仪	深度<20mm，宽度<0.25mm，横向裂缝不超过边长的一半
成品桩尺寸	钢尺检查	横截面边长允许偏差±5mm；桩顶对角线差允许偏差<10mm；桩尖中心线允许偏差<10mm；桩顶平整度<2mm
电焊接桩	秒表测定、钢尺检查	电焊结束后停歇时间允许偏差>1.0min；上下节平面允许偏差<10mm
硫黄胶泥接桩	秒表测定	胶泥浇筑时间允许偏差<2min；浇筑后停歇时间>7min
桩顶标高	水准仪检测	允许偏差±50mm

混凝土预制桩施工时常出现桩身断裂的现象，如图3-25所示。

桩在沉入过程中，桩身突然倾斜错位，当桩尖处土质条件没有特殊变化，而贯入度逐渐增加或突然增大，同时当桩锤跳起后，桩身随之出现回弹现象，施打被迫停止。

图3-25 桩身断裂

解决方法：当施工中出现断裂桩时，应及时会同设计人员研究处理办法。根据工程地质条件、上部荷载及桩所处的结构部位，可以采取补桩的方法。条基补一根桩时，可在轴线内、外补；补两根桩时，可在断桩的两侧补。柱基群桩时，补桩可在承台外对称补或承台内补桩。

五、混凝土灌注桩施工质量验收

施工前应对水泥、砂、石子（如现场搅拌）、钢材等原材料进行检查。对施工组织设计中制定的施工顺序、监测手段（包括仪器、方法）也应检查。

施工中应对成孔、清渣、放置钢筋笼、灌注混凝土等进行全过程检查，人工挖孔桩（图3-26）还应复验孔底持力层土（岩）性。嵌岩桩必须有桩端持力层的岩性报告。

图 3-26　人工挖孔桩施工

混凝土灌注桩施工质量验收要点见表 3-19 和表 3-20。

表 3-19　混凝土灌注桩钢筋笼质量验收

检验名称	检验方法	质量合格标准
主筋间距	钢尺检查	允许偏差±10mm
长度	钢尺检查	允许偏差±10mm
钢筋材质检验	抽样送检	设计要求
箍筋间距	钢尺检查	允许偏差±20mm
直径	钢尺检查	允许偏差±10mm

表 3-20　混凝土灌注桩质量验收

检验名称	检验方法	质量合格标准
孔深	只深不浅，用重锤测，或测钻杆、套管长度	允许偏差+300mm
桩体质量检查	按桩基检测技术规范	按桩基检测技术规范；如钻芯取样，大直径嵌岩桩应钻至桩尖下 50cm
混凝土强度	试件报告或钻芯取样送检	设计要求
承载力	按桩基检测技术规范	按桩基检测技术规范
泥浆相对密度（黏土或砂性土中）	用比重计测，清孔后在距孔底 50cm 处取样	允许偏差 1.15～1.20mm
泥浆面标高	目测	允许偏差 0.5～1.0mm
沉渣深度	用沉渣仪或重锤测量	端承桩允许偏差≤50mm；摩擦桩允许偏差≤150mm
混凝土坍落度	坍落度仪	水下灌桩允许偏差 160～220mm；干施工允许偏差 70～100mm
钢筋笼安装深度	钢尺检查	允许偏差±100mm

混凝土灌注桩施工常出现成孔灌注桩出现钻孔漏浆的现象，如图 3-27 所示。

在成孔过程中或成孔后，泥浆向孔外漏失。

图 3-27 混凝土灌注桩施工不合格

解决方法：(1) 加稠泥浆或倒入黏土，慢速转动，或在回填土内掺片、卵石，反复冲击，增强护壁。

(2) 在有护筒防护范围内，接缝处可由潜水工用棉絮堵塞，封闭接缝，稳住水头。

(3) 在容易产生泥浆渗漏的土层中应采取维持孔壁稳定的措施。

(4) 在施工期间护筒内的泥浆面应高出地下水位 1.0m 以上，在受水位涨落影响时，泥浆面应高出最高水位 1.5m 以上。

第三节 土方施工质量验收

一、土方开挖施工质量验收

土方开挖施工有两种方法：一种是人工开挖（图 3-28）；另一种是机械开挖（图 3-29）。

人工开挖，使用锹镐、风镐、风钻等简单工具，配合挑抬或者简易小型的运输工具进行作业，适用于小型建筑工程。开挖时应注意：距槽边600mm挖200mm×300mm明沟，并有0.2%的坡度，以排除地面雨水；或筑450mm×300mm土硬挡水。

图 3-28 人工挖基槽

土方开挖施工质量验收要点见表 3-21 和表 3-22。

大中型建筑工程的土石方开挖，多用机械施工。机械开挖常用的机械有：单斗挖掘机或多斗挖掘机；铲运机械，如推土机、铲运机和装载机。开挖时应注意基底保护，基坑（槽）开挖后应尽量减少对基土的扰动。如果基础不能及时施工时，可在基底标高以上预留300mm土层不挖，待做基础时再挖。

图 3-29　机械挖基槽（坑）

表 3-21　临时性挖方边坡值

土的类别		边坡值
砂土(不包括细砂、粉砂)		(1∶1.25)～(1∶1.50)
一般性黏土	硬	(1∶0.75)～(1∶1.00)
	硬、塑	(1∶1.00)～(1∶1.25)
	软	1∶1.50 或更缓
碎土	充填坚硬、硬塑黏性土	(1∶0.50)～(1∶1.00)
	充填砂石	(1∶1.00)～(1∶1.50)

表 3-22　土方开挖工程质量验收要点

<table>
<tr><th rowspan="3">检查项目</th><th colspan="5">允许偏差或允许值/mm</th><th rowspan="3">检验方法</th></tr>
<tr><th rowspan="2">柱基、基坑、基槽</th><th colspan="2">挖方场地平整度</th><th rowspan="2">管沟</th><th rowspan="2">地(路)面基层</th></tr>
<tr><th>人工</th><th>机械</th></tr>
<tr><td>标高</td><td>−50</td><td>±30</td><td>±50</td><td>−50</td><td>−50</td><td>水准仪</td></tr>
<tr><td>长度、宽度(由设计中心线向两边量)</td><td>+200,
−50</td><td>+300,
−100</td><td>+500,
−150</td><td>+100</td><td>—</td><td>经纬仪,用钢尺量</td></tr>
<tr><td>边坡</td><td colspan="5">设计要求</td><td>观察或用坡度尺检查</td></tr>
<tr><td>表面平整度</td><td>20</td><td>20</td><td>50</td><td>20</td><td>20</td><td>用 2m 靠尺和楔形塞尺检查</td></tr>
<tr><td>基底土性</td><td colspan="5">设计要求</td><td>观察或土样分析</td></tr>
</table>

土方开挖施工常出现场地积水的现象，如图 3-30 所示。

解决方法：按要求做好场地排水坡和排水沟，做好测量复核，避免出现标高误差，及时采取排降水措施，待积水排除后重新进行检测。

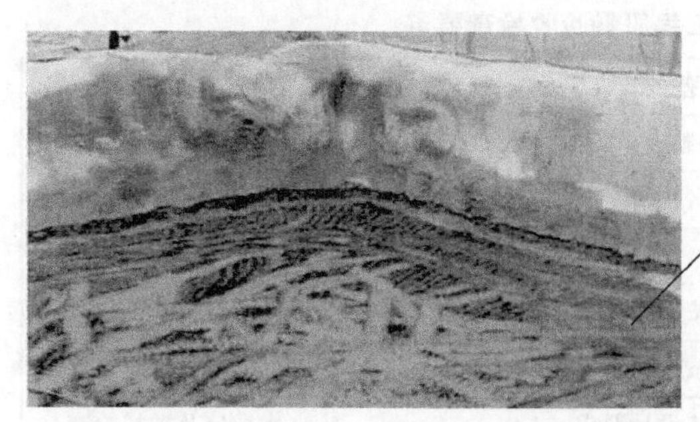

出现场地积水的原因：(1)场地周围未做排水沟或场地未做成一定排水坡度，或存在方向排水坡；(2)测量有偏差，使场地标高不一致。

图 3-30　施工场地积水

二、土方回填施工质量验收

土方回填前应清除基底（图 3-31）的垃圾、树根等杂物，抽出坑内积水，验收基底标高。

图 3-31　基底清理

回填土应分层摊铺和夯压密实，每层铺土厚度和压实遍数应根据土质、压实系数和机具性能而定。一般铺土厚度应小于压实机械压实的作用深度，应使土方压实而机械的功耗最少。

回填土回填验收要点见表 3-23 和表 3-24。

表 3-23　填方每层铺土厚度和压实遍数

压实机具	每层铺土厚度/mm	每层压实遍数/遍
平碾(8～120t)	200～300	6～8
羊足碾(5～160t)	200～350	6～16
蛙式打夯机(200kg)	200～250	3～4
振动碾(8～15t)	60～130	6～8
振动压路机(2t,振动力 98kN)	120～150	10
推土机	200～300	6～8
拖拉机	200～300	8～16
人工打夯	不大于 200	3～4

表 3-24 填方工程质量验收检查要点

检查项目	允许偏差或允许值/mm					检验方法
	柱基、基坑、基槽	场地平整度		管沟	地(路)面基层	
		人工	机械			
标高	−50	±30	±50	−50	−50	水准仪
分层压实系数	按设计要求					按规定方法
回填土料	按设计要求					取样检查或直观鉴别
分层厚度及含水量	按设计要求					水准仪及抽样检查
表面平整度	20	20	30	20	20	用靠尺或水准仪

土方回填时常出现不及时回填、回填不到位的现象，如图 3-32 所示。

土方回填不及时，导致基础长期被雨水浸泡；土方回填不到位，导致基础积水。

图 3-32 回填不到位

解决方法：将被浸泡的软土挖除，用砂砾、级配碎石或石灰土回填至设计标高，同时采取合理的排水措施，及时地排出积水。

第四章 地下防水工程施工质量验收

第一节 主体结构施工质量验收

一、防水混凝土施工质量验收

1. 混凝土拌制

混凝土现场拌制，如图 4-1 所示。

必须严格按试验室的配合比通知单投料，按石子、水泥、砂的顺序装入上料斗内，先干拌0.5～1min再加水，加水后搅拌时间不应少于2min，坍落度控制在30～50mm，一般为30mm左右。散装水泥、砂、石务必每车过秤。雨季施工期间对砂、石每天测定含水率，以便调整用水量。

图 4-1 混凝土现场拌制

混凝土拌制质量验收的具体内容见表 4-1。

表 4-1 混凝土各组成材料计量结果的允许偏差

混凝土组成材料	每盘计量/%	累计计量/%
水泥、掺合料	±2	±1
粗、细骨料	±3	±2
水、外加剂	±2	±1

2. 混凝土坍落度检测

混凝土坍落度检测操作如图 4-2 所示。

经验指导：混凝土强度等级小于C50时，坍落度应小于180mm；混凝土强度大于C50时，坍落度应大于180mm。

图 4-2 混凝土坍落度检测

混凝土坍落度检测质量验收的具体内容见表 4-2。

表 4-2 混凝土坍落度允许偏差

要求坍落度/mm	允许偏差/mm
≤40	±10
50～90	±15
≥100	±20

3. 防水混凝土抗渗性能检测

防水混凝土抗渗性能检测时，应采用标准条件下养护混凝土抗渗试件的试验结果评定，试件应在浇筑地点制作，如图 4-3 所示。

连续浇筑混凝土每500m³应留置一组抗渗试件（一组为6个抗渗试件），且每项工程不得少于两组。采用预拌混凝土的抗渗试件，留置组数应视结构的规模和要求而定。

图 4-3 抗渗混凝土试块现场制作

防水混凝土不宜采用蒸汽养护。采用蒸汽养护会使毛细管因经蒸汽压力而扩张，从而使混凝土的抗渗性能急剧下降，故防水混凝土的抗渗性能必须以标准条件养护的抗渗试块作为依据。

4. 防水混凝土施工质量检查

防水混凝土施工（图 4-4）质量检查时，应按混凝土外露面积每 $100m^2$ 抽查一处，每处 $10m^2$，且不得少于 3 处；细部构造应按全数检查。

抽查面积是以地下混凝土工程总面积的1/10来考虑的，具有足够的代表性。细部构造是地下防水工程漏水的薄弱环节，细部构造一般是独立的部位，一旦出现渗漏难以修补，不能以抽检的百分率来确定地下防水工程的整体质量，因此施工质量检查时应全数检查。

图 4-4　防水混凝土浇筑施工

5. 防水混凝土分项工程检验批质量验收

防水混凝土分项工程检验批质量验收的主要内容见表 4-3。

表 4-3　防水混凝土分项工程检验批质量检查

检验名称	检查数量	检验方法	质量合格标准
原材料、配合比及坍落度	全数检查	检查出厂合格证、质量检验报告、计量措施和现场抽样试验报告	必须符合设计要求
抗压强度和抗渗压力	全数检查	检查混凝土抗压、抗渗性能报告	必须符合设计要求
变形缝、施工缝、后浇带、穿墙管道、预埋件	全数检查	观察检验和检验隐蔽工程验收记录	符合设计要求，严禁有渗漏
防水混凝土结构表面	按混凝土外露面积每处 $100m^2$ 抽查一处，每处 $10m^2$，且不得少于 3 处	观察和尺量检查	应坚实、平整，不得有露筋、蜂窝等缺陷；预埋件位置应正确
结构表面的裂缝宽度	全数检查	用刻度放大镜检查	≤0.2mm，并不得贯通
防水混凝土结构厚度	按混凝土外露面积每处 $100m^2$ 抽查一处，每处 $10m^2$，且不得少于 3 处	尺量检查和检查隐蔽工程验收记录	结构厚度≥250mm；允许偏差：+15mm，−10mm
防水混凝土迎水面钢筋保护层厚度	按混凝土外露面积每处 $100m^2$ 抽查一处，每处 $10m^2$，且不得少于 3 处	尺量检查和检查隐蔽工程验收记录	≥ 50mm，允许偏差±10mm

防水混凝土施工中常出现施工缝渗水的现象，如图 4-5 所示。

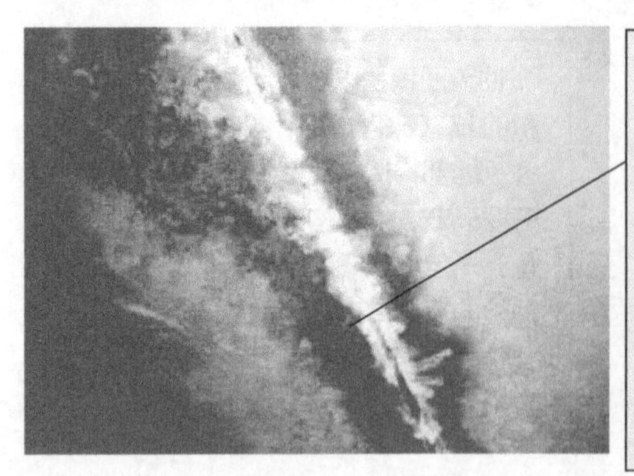

产生原因：施工缝是防水混凝土工程中的薄弱部分，留设位置不当就会造成渗漏水；施工过程中，没有按照施工缝的处理方法进行处理；下料时方法不当，造成了集料集中于施工缝处；钢筋排列过密，内外模板距离过窄，混凝土浇筑困难，施工质量不易得到保证；浇筑地面混凝土时，因为工序安排、衔接等问题造成了新老部位结合不密，容易产生施工缝。

图 4-5 施工缝渗水

解决方法：对于不渗水的施工缝，可以采取灰浆处理法进行处理；也可根据施工缝渗水量的多少和水压大小，采用促凝胶浆或氰凝灌浆堵漏。

二、水泥砂浆防水层施工质量验收

1. 水泥砂浆防水层材料检验

水泥砂浆防水层应采用聚合物水泥防水砂浆（图 4-6）、掺外加剂或掺合料的防水砂浆。

水泥浆防水层所用的材料应符合下列规定。

①水泥应使用普通硅酸盐水泥、硅酸盐水泥或特种水泥，不得使用过期或受潮结块水泥。

②砂宜采用中砂，含泥量不应大于1%，硫化物及硫酸盐含量不应大于1%。

③用于拌制水泥砂浆的水，应采用不含有害物质的洁净水。

④聚合物乳液的外观为均匀液体，无杂质、无沉淀、不分层。

⑤外加剂的技术性能应符合现行国家或行业有关标准的质量要求。

图 4-6 防水砂浆的拌制

2. 基层处理施工质量检验

基层处理施工操作如图 4-7 所示。

水泥浆防水层的基层质量应符合下列规定。

①基层表面应平整、坚实、清洁，并应充分湿润，无明水。

②基层表面的孔洞、缝隙，应采用与防水层相同的水泥砂浆堵塞并抹平。

③施工前应将埋设件、穿墙管预留凹槽内嵌填密封材料后，再进行水泥砂浆防水层施工。

图 4-7　基层处理操作施工

3. 水泥砂浆防水层施工质量检验

水泥砂浆防水层施工操作如图 4-8 所示。

水泥砂浆防水层施工应符合下列要求。

①水泥砂浆的配制，应按所掺材料的技术要求准确计量。

②分层铺抹或喷涂。铺抹时应压实、抹平，最后一层表面应提浆压光。

③防水层各层应紧密粘合，每层宜连续施工，必须留设施工缝时，应采用阶梯坡形槎，但与阴阳角处的距离不得小于200mm。

④水泥砂浆终凝后应及时进行养护，养护温度不宜低于5℃，并保持砂浆表面湿润，养护时间不得少于14d。

⑤水泥砂浆防水层分项工程检验批的抽样检验数量，应按施工面积每100m^{2}抽查1处，且不得少于3处。

图 4-8　水泥砂浆防水层施工

4. 水泥砂浆防水层施工质量验收要点

水泥砂浆防水层施工质量验收要点的具体内容见表 4-4。

水泥砂浆防水层施工常出现接槎部位不严密的现象，如图 4-9 所示。

解决方法：水泥砂浆防水层各层应紧密结合，每层宜连续施工不留施工缝，如必须留槎时应按以下要求进行。

表 4-4 水泥砂浆防水层施工质量验收

名称	检验方法	质量合格标准
原材料及配合比检验	检查产品合格证、产品性能检测报告、计量措施和材料进场检验报告	符合设计要求
砂浆黏结强度和抗渗性能检验	检查砂浆黏结强度、抗渗性能检验报告	符合设计要求
防水层与基层结合处检验	观察和用小锤轻击检查	结合牢固，无空鼓现象
防水层表面检验	观察检查	表面应密实、平整，不得有裂纹、起砂、麻面等缺陷
防水层施工缝留槎检验	观察检查和检查隐蔽工程验收记录	水泥砂浆防水层施工缝留槎位置应正确，接槎应按层次顺序操作，层层搭接紧密
防水层厚度检验	用针测法检查	水泥砂浆防水层的平均厚度应符合设计要求，最小厚度不得小于设计厚度的 85%
防水层表面平整度检验	用 2m 靠尺和楔形塞尺检查	水泥砂浆防水层表面平整度的允许偏差应为 5mm

施工时没有很好地进行技术交底，现场实际操作工人对工艺不熟悉、缺乏经验，现场技术员没有在旁进行指导施工等原因造成。

图 4-9 水泥砂浆防水层接槎不严密

（1）防水层的施工缝应留斜坡阶梯形槎，接槎要依层次顺序施工，层层必须搭接紧密。

（2）接槎尽量留在平面上，易于搭接紧密，如必须留在墙面上时，应离阴阳角 200mm 以上。

（3）基础面与墙面转角处留槎时，水泥砂浆防水层必须包裹墙面，转角做法应与侧墙水泥砂浆防水层相连接，以便形成整体的防水层。

三、卷材防水层施工质量验收

1. 基层清理

基层处理操作如图 4-10 所示。

施工前将验收合格的基层清理干净，使其平整牢固并保持干燥。

图 4-10 基层处理施工

2. 涂刷基层处理剂

涂刷基层处理剂操作如图 4-11 所示。

在基层表面满刷一道用汽油稀释的高聚物改性沥青溶液，涂刷应均匀，不得有露底或堆积现象，也不得反复涂刷，涂刷后在常温经过4h后（以不粘脚为准）开始铺贴卷材。

图 4-11 涂刷基层处理剂

3. 特殊部位加强处理

管根、阴阳角部位加铺一层卷材。按规范及设计要求将卷材裁成相应的形状进行铺贴。

4. 基层弹分条铺贴线

在处理后的基层面上，按卷材的铺贴方向弹出每幅卷材的铺贴线，保证不歪斜（以后上层卷材铺贴时同样要在已铺贴的卷材上弹线）。

5. 热熔铺贴卷材的步骤及方法

① 底板垫层混凝土平面部位宜采用空铺法或点粘法，其他与混凝土结构相接触的部位应采用满粘法；采用双层卷材时，两层之间应采用满粘法。

② 将改性沥青防水卷材按铺贴长度进行裁剪并卷好备用，操作时将已卷好的卷材端头对准起点，点燃汽油喷灯或专用火焰喷枪，均匀加热基层与卷材交接处，喷枪距加热面保持 300mm 左右往返喷烤，当卷材表面的改性沥青开始熔化时即可向前缓缓滚铺卷材。

③ 卷材的搭接（图 4-12）。卷材的短边和长边搭接宽度均应大于 100mm。同一层相邻两幅卷材的横向接缝应彼此错开 1500mm 以上，避免接缝部位集中。地下室的立面与平面的转角处，卷材的接缝应留在底板的平面上，距离立面应不小于 600mm。

图 4-12　防水卷材搭接

卷材搭接施工质量检验见表 4-5。

表 4-5　卷材搭接施工质量验收的主要内容

卷材品种	搭接宽度/mm
弹性体改性沥青防水卷材	100
改性沥青聚乙烯胎防水卷材	100
自粘聚合物改性沥青防水卷材	80
三元乙丙橡胶防水卷材	100/60(胶黏剂/胶黏带)
聚氯乙烯防水卷材	60/80(单焊缝/双焊缝)
	100(胶黏剂)
聚乙烯丙纶复合防水卷材	100(黏结料)
高分子自粘胶膜防水卷材	70/80(自粘胶/胶黏带)

④ 采用双层卷材时，上下两层和相邻两幅卷材的接缝应错开 1/3～1/2 幅宽，且两层卷材不得相互垂直铺贴。

6. 热熔封边

卷材搭接缝处用喷枪加热，压合至边缘挤出沥青粘牢。卷材末端收头用沥青嵌缝膏嵌填密实。

7. 保护层施工

平面应浇筑细石混凝土保护层；立面防水层施工完，宜采用聚乙烯泡沫塑料片材作软保护层。

8. 卷材防水层施工质量验收要点

卷材防水层施工质量验收要点的具体内容见表 4-6。

表 4-6 卷材防水层施工验收要点

检验名称	检查数量	检验方法	质量合格标准
卷材防水层所用卷材及主要配套材料	全数检查	检查出厂合格证、质量检验报告和现场抽样试验报告	必须符合设计要求
卷材防水层及其转角处、变形缝、穿墙管道等细部做法	全数检查	观察检查和检查隐蔽工程验收记录	符合设计要求
卷材防水层的基层	按防水层铺贴面积每 $100m^2$ 抽查 1 处，每处 $10m^2$，且不得少于 3 处	观察检查和检查隐蔽工程验收记录	基层应牢固，基面应洁净、平整，不得有空鼓、松动、起砂和脱皮现象；基层阴阳角处应做成圆弧形
卷材防水层的搭接处	按防水层铺贴面积每 $100m^2$ 抽查 1 处，每处 $10m^2$，且不得少于 3 处	观察检查	搭接缝应黏结牢固，密封严密，不得有皱折、翘边和鼓泡等缺陷
侧墙卷材防水层的保护层与防水层的黏结	按防水层铺贴面积每 $100m^2$ 抽查 1 处，每处 $10m^2$，且不得少于 3 处	观察检查	卷材防水层的保护层与防水层应黏结牢固，结合紧密，厚度均匀一致
卷材搭接宽度	按防水层铺贴面积每 $100m^2$ 抽查 1 处，每处 $10m^2$，且不得少于 3 处	观察和尺量检查	应符合设计要求，允许偏差为 −10mm

卷材防水层施工时常出现防水层受损的现象，如图 4-13 所示。

施工过程中没有注意成品保护，现场实际操作工人的粗心大意等导致防水层遭到破坏。

图 4-13 卷材防水层受损坏

解决方法：施工前首先认真地进行技术交底，对施工人员进行教育，提高成品保护的意识，对于破损的部位及时地和有关技术部门进行沟通，出具整改方案。监理人员认真负责，监督其进行修改，未修改完成不得进行下道工序施工。

四、涂料防水层施工质量验收

1. 涂料防水层施工

涂料防水层施工操作如图 4-14 所示。

图 4-14 涂料防水层施工

涂料防水层的施工应符合下列规定。

（1）多组分涂料应按配合比准确计量，搅拌均匀，并应根据有效时间确定每次配制的用量。

（2）涂料应分层涂刷或喷涂，涂层应均匀，涂刷应待前遍涂层干燥成膜后进行。每遍涂刷时应交替改变涂层的涂刷方向，同层涂膜的先后搭压宽度宜为 30～50mm。

（3）涂料防水层的甩槎处接槎宽度不应小于 100mm，接涂前应将其甩槎表面处理干净。

（4）采用有机防水涂料时，基层阴阳角处应做成圆弧；在转角处、变形缝、施工缝、穿墙管等部位应增加胎体增强材料和增涂防水涂料，宽度不应小于 500mm。

（5）胎体增强材料的搭接宽度不应小于 100mm。上下两层和相邻两幅胎体的接缝应错开 1/3 幅宽，且上下两层胎体不得相互垂直铺贴。

2. 涂料防水层施工质量验收要点

涂料防水层施工质量验收要点的具体内容见表 4-7。

表 4-7 涂料防水层施工质量验收要点

名称	检验方法	质量合格标准
所用材料及配合比检查	检查产品合格证、产品性能检测报告、计量措施和材料进场检验报告	涂料防水层所用材料及配合比必须符合设计要求
防水层厚度检查	用针测法检查	涂料防水层的平均厚度应符合设计要求，最小厚度不得小于设计厚度的 90%
细部做法检查	观察检查和检查隐蔽工程验收记录	涂料防水层在转角处、变形缝、穿墙管等部位做法必须符合设计要求
防水层与基层结合处检查	观察检查	涂料防水层应与基层黏结牢固，涂刷均匀，不得流淌、鼓泡、露槎
涂层间夹铺胎体增强材料检查	观察检查	涂层间夹铺胎体增强材料时，应使防水涂料浸透胎体覆盖完全，不得有胎体外露现象
侧墙防水保护层与防水层结合处检查	观察检查	侧墙涂料防水层的保护层与防水层应结合紧密，保护层厚度应符合设计要求

涂料防水层施工常出现涂料基层不平整，有缝隙、气孔、蜂窝、起砂等现象，如图 4-15 所示。

涂料基层不平整，有缝隙、气孔、蜂窝、起砂等现象。这些现象会造成涂膜厚度无保证，当涂料尚未完全固化时，如受到外来的各种水和气体的压力作用，将使涂料无法固化或涂膜出现小的针眼、气孔，成为渗漏水隐患。

图 4-15 防水层涂刷不合格

解决方法：施工时应该严格按照施工方案和技术交底进行施工，现场技术员进行指导施工，监理人员认真负责。发现不符合质量要求的应及时进行整改，整改后方可进行下道工序施工。处理方法可以考虑参照以下几点进行。

(1) 基层要坚固、平整，无起壳、起砂、蜂窝、孔洞、麻面及裂隙等，如有上述缺陷，应采用掺有聚合物的水泥砂浆进行全面批刮平整。

(2) 基层过于潮湿时，也可采用聚合物水泥砂浆进行全面批刮等隔潮处理；遇有局部渗水时，应立即找出渗水点，采取引、排、堵等方法并配以堵漏材料降水堵住。

(3) 基层如有死弯，尖锐棱角及凸凹不平处，应进行打磨、填补等处理。

(4) 施工前必须将基层表面的灰尘、油污、碎屑等杂物清除干净。

(5) 对于较宽的裂缝，应采用聚合物水泥砂浆或聚合物水泥净浆进行嵌填修补。

第二节 其他施工法结构防水施工质量验收

一、锚喷支护施工质量验收

1. 喷射混凝土原材料质量检验

喷射混凝土操作如图 4-16 所示。

锚杆（图 4-17）必须进行抗拔力试验。同一批锚杆每 100 根应取一组试件，每组 3 根，不足 100 根也取 3 根。

①选用普通硅酸盐水泥或硅酸盐水泥。

②中砂或粗砂的细度模数宜大于2.5，含泥量不应大于3.0%；干法喷射时，含水率宜为5%～7%。

③采用卵石或碎石，粒径不应大于15mm，含泥量不应大于1.0%；使用碱性速凝剂时，不得使用含有活性二氧化硅的石料。

④不含有害物质的洁净水。

⑤速凝剂的初凝时间不应大于5min，终凝时间不应大于10min。

图 4-16　喷射混凝土

同一批试件抗拔力平均值不应小于设计锚固力，且同一批试件抗拔力的最小值不应小于设计锚固力的90%。

图 4-17　锚杆

2. 锚喷支护施工质量验收要点

锚喷支护施工质量验收要点的具体内容见表 4-8。

表 4-8　锚喷支护质量验收要点

名称	检验方法	质量合格标准
原材料、配合比检查	检查产品合格证、产品性能检测报告和材料进场检验报告	喷射混凝土所用原材料、混合料配合比及钢筋网、锚杆、钢拱架等必须符合设计要求
混凝土性能检查	检查混凝土抗压强度、抗渗性能检验报告和锚杆抗拔力检验报告	喷射混凝土抗压强度、抗渗性能和锚杆抗拔力必须符合设计要求
渗漏水量检查	观察检查和检查渗漏水检测记录	锚喷支护的渗漏水量必须符合设计要求
喷层与围岩间黏结检查	用小锤轻击检查	喷层与围岩以及喷层之间应黏结紧密，不得有空鼓现象

续表

名称	检验方法	质量合格标准
喷层厚度检查	用针探法或凿孔法检查	喷层厚度有60%以上检查点不应小于设计厚度，最小厚度不得小于设计厚度的50%，且平均厚度不得小于设计厚度
喷射混凝土施工质量检查	观察检查	喷射混凝土应密实、平整，无裂缝、脱落、漏喷、露筋
喷射混凝土表面平整度检查	尺量检查	喷射混凝土表面平整度不得大于1/6

二、地下连续墙施工质量验收

1. 地下连续墙导墙设置

地下连续墙导墙设置操作，如图 4-18 所示。

经验指导：导墙混凝土强度应达70%以上方可拆模。拆模后，应立即在两片导墙间加支撑，其水平间距为2.0～2.5m，在导墙混凝土养护期间，严禁重型机械通过、停置或作业，以防导墙开裂或变形。

图 4-18 导墙的设置

地下连续墙导墙设置验收应符合下列要求。

(1) 在槽段开挖前，沿连续墙纵向轴线位置构筑导墙，导墙可采用现浇或预制工具式钢筋混凝土导墙，也可采用钢质导墙。

(2) 导墙深度一般为 1～2m，其顶面略高于地面 100～200mm，以防止地表水流入导沟。导墙的厚度一般为 100～200mm，内墙面应垂直，内壁净距应为连续墙设计厚度加施工余量（一般为 40～60mm）。墙面与纵轴线距离的允许偏差为±10mm，内外导墙间距允许偏差±5mm，导墙顶面应保持水平。

(3) 导墙宜筑于密实的地层上，背侧应用黏性土回填并分层夯实，不得漏浆。每个槽段内的导墙应设一个溢浆孔。

(4) 导墙顶面应高出地下水位 1m 以上，以保证槽内泥浆液面高于地下水位 0.5m 以上，且不低于导墙顶面 0.3m。

2. 槽段开挖

槽段开挖操作如图 4-19 所示。

挖槽施工前，一般将地下连续墙划分为若干个单元槽段，每个单元槽段有若干个挖掘单元。在导墙顶面画好槽段的控制标记，如有封闭槽段时，必须采用两段式成槽，以免导致最后一个槽段无法钻进。一般普通钢筋混凝土地下连续墙工程挖掘单元长为6～8m，素混凝土止水帷幕工程挖掘单元长为3～4m。

图 4-19　地下连续墙槽段开挖

槽段开挖施工应符合下列要求。

(1) 成槽前对成槽设备进行一次全面检查，各部件必须连接可靠，特别是钻头连接螺栓不得有松脱现象。

(2) 为保证机械运行和工作平稳，轨道铺设应牢固可靠，道碴应铺填密实。轨道宽度允许误差为±5mm，轨道标高允许误差为±10mm。连续墙钻机就位后应使机架平稳，并使悬挂中心点和槽段中心成一线。钻机调好后，应用夹轨器固定牢靠。

(3) 挖槽过程中，应保持槽内始终充满泥浆，以保持槽壁稳定。成槽时，依排渣和泥浆循环方式分为正循环和反循环。当采用砂泵排渣时，依砂泵是否潜入泥浆中又分为泵举式和泵吸式。一般采用泵举式反循环方式排渣，操作简便，排泥效率高，但开始钻进时需先用正循环方式，待潜水泵电机潜入泥浆中后再改用反循环排泥。

(4) 当遇到坚硬地层或遇到局部岩层无法钻进时，可辅以冲击钻将其破碎，用空气吸泥机或砂泵将土渣吸出地面；成槽时要随时掌握槽孔的垂直精度，应利用钻机的测斜装置经常观测偏斜情况，不断调整钻机操作，并利用纠偏装置来调整下钻偏斜。

(5) 挖槽时应加强观测，当槽壁发生较严重的局部坍落时，应及时回填并妥善处理。槽段开挖结束后，应检查槽位、槽深、槽宽及槽壁垂直度等项目，合格后方可进行清槽换浆。在挖槽过程中应做好施工记录。

3. 钢筋笼制作及安装

钢筋笼制作及安装操作如图 4-20 所示。

钢筋笼制作及安装质量验收应符合下列要求。

(1) 为了保证钢筋笼的几何尺寸和相对位置准确，钢筋笼宜在制作平台上成型。钢筋笼每棱边（横向及竖向）钢筋的交点处应全部点焊，其余交点处采用交错点焊。对成型时临时绑扎的钢丝，宜将线头弯向钢筋笼内侧。为保证钢筋笼在

钢筋笼的加工制作，要求主筋净保护层为70～80mm。为防止在插入钢筋笼时擦伤槽面，并确保钢筋保护层厚度，宜在钢筋笼上设置定位钢筋环、混凝土垫块。纵向钢筋底端距槽底的距离应为100～200mm，当采用接头管时水平钢筋的端部至接头管或混凝土及接头面应留有100～150mm的间隙。纵向钢筋应布置在水平钢筋的内侧。为便于插入槽内，钢筋底端宜稍向内弯折。钢筋笼的内空尺寸应比导管连接处的外径大100mm以上。

图 4-20　地下连续墙钢筋笼安装

安装过程中具有足够的刚度，除结构受力要求外，尚应考虑增设斜拉补强钢筋，将纵向钢筋形成骨架，并加适当附加钢筋。斜拉筋与附加钢筋必须与设计主筋焊牢固。当钢筋笼的接头采用搭接时，为使接头能够承受吊入时的下段钢筋自重，部分接头应焊牢固。

（2）钢筋笼制作允许偏差值：主筋间距为±10mm；箍筋间距为±20mm：钢筋笼厚度和宽度为±10mm；钢筋笼总长度为±50mm。

（3）钢筋笼吊放应使用起吊架，采用双索或四索起吊，以防起吊时钢索的收紧力引起钢筋笼变形。同时要注意在起吊时不得拖拉钢筋笼，以免造成弯曲变形。为避免钢筋吊起后在空中摆动，应在钢筋笼下端系上溜绳，用人力加以控制。

（4）钢筋笼需要分段调入接长时，应注意不得使钢筋笼产生变形，下段钢筋笼入槽后，临时穿钢管搁置在导墙上，再焊接接长上段钢筋笼。钢筋笼吊入槽内时，吊点中心必须对准槽段中心，竖直缓慢放至设计标高，再用吊筋穿管搁置在导墙上。如果钢筋笼不能顺利地插入槽内，应重新吊出，查明原因，采取相应措施加以解决，不得强行插入。

4. 地下连续墙施工质量验收要点

地下连续墙施工质量验收要点的具体内容见表 4-9。

表 4-9　地下连续墙施工质量验收要点

名称	检验方法	质量合格标准
原材料、配合比检查	检查产品合格证、产品性能检测报告、计量措施和材料进场检验报告	防水混凝土的原材料、配合比及坍落度必须符合设计要求

续表

名称	检验方法	质量合格标准
混凝土性能检查	检查混凝土的抗压强度、抗渗性能检验报告	防水混凝土的抗压强度和抗渗性能必须符合设计要求
渗漏水量检查	观察检查和检查渗漏水检测记录	地下连续墙的渗漏水量必须符合设计要求
地下连续墙槽段接缝检查	观察检查和检查隐蔽工程验收记录	地下连续墙的槽段接缝构造应符合设计要求
地下连续墙墙面检查	观察检查	地下连续墙墙面不得有露筋、露石和夹泥现象
墙体表面平整度检查	尺量检查	地下连续墙墙体表面平整度，临时支护墙体允许偏差应为50mm，单一或复合墙体允许偏差应为30mm

地下连续墙施工时常出现导墙破坏或变形的现象，如图4-21所示。

产生此现象的原因：导墙的强度和刚度不足；地基发生坍塌或受到冲刷；导墙内侧没有设支撑；作用在导墙上的施工荷载过大。

图4-21 地下连续墙破坏

解决方法：按要求进行导墙施工，导墙内钢筋应连接；适当加大导墙深度，加固地质；墙周围设排水沟；导墙内侧加设支撑；已破坏或变形的导墙应拆除，并用优质土（或掺入适量水泥、石灰）回填夯实，重新建导墙。

第五章 混凝土结构工程施工质量验收

第一节 模板分项工程施工质量验收

一、模板安装施工质量验收

1. 模板配置方法的选择

模板配置方法的选择的主要内容见表5-1。

表5-1 模板配置方法的选择

配置方法	主要内容
按图纸尺寸直接配置模板	结构形体简单的构件，如基础、梁、柱、板、墙等构件，模板可根据结构施工图直接按尺寸列出模板规格和数量进行配置。模板、横挡及楞木的断面和间距以及支撑系统的配置，都可按一般规定或查表选用
按放大样方法配置模板	形体复杂的结构构件，如楼梯、线脚、挑檐、异圆形结构模板，都采用放大样的方法配置模板。放大样即在平整的地面上，按结构图，用足尺画出结构构件的实样，就可以量出各部分模板的准确尺寸或套制样板，同时可确定模板及其安装的节点构造，进行模板的制作
按计算方法配置模板	形体复杂的结构构件，用放大样的方法配置模板虽然准确，但比较麻烦，还需要一定的场地。结构构件许多是有规律的几何形体，楼梯、线脚、挑檐、异圆形模板也可以用计算方法或用计算及放大样相结合的方法进行模板的配置
结构表面展开法配置模板	复杂的挑檐及线脚，其模板的配置也适合展开法，画出模板平面图和展开图，再进行配模设计和模板制作

2. 模板制作质量验收

模板制作施工操作如图5-1所示。

3. 模板安装

模板安装操作施工如图5-2所示。

（1）模板安装工程分项工程质量验收 模板安装工程分项工程质量验收的具体内容见表5-2。

（2）模板安装细部尺寸验收 模板安装细部尺寸验收的主要内容见表5-3～表5-5。

(1) 首先按图纸截面几何尺寸考虑模板实际使用需要量，进行下料配制模板，木模板应将拼缝处刨平刨直，模板的木挡也要刨直。

(2) 按照混凝土构件的形状和尺寸，用18mm厚胶合板做底模、侧模，小木方4cm×6cm做木挡组成拼合式模板。木挡的间距取决于混凝土对模板的侧压大小，拼好的模板不宜过大、过重，多以两人能抬动为宜。

(3) 配制好的模板必须要刷模板脱模剂，不同部位的模板按规格、型号、尺寸在反面写明使用部位、分类编号，分别堆放保管，以免安装时搞错。

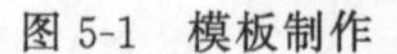

图 5-1　模板制作

图 5-2　模板安装

表 5-2　模板安装工程分项工程验收

检验名称	检查数量	检验方法	质量合格标准
模板安装要求	全数检查	观察	①模板的接缝不应漏浆，在浇筑混凝土前，木模板应浇水湿润，但模板内不应有积水。 ②模板与混凝土的接触面应清理干净并涂刷隔离剂，但不得采用影响结构性能或妨碍装饰工程施工的隔离剂。 ③浇筑混凝土前，模板内的杂物应清理干净。 ④对清水混凝土工程及装饰混凝土工程，应使用能达到设计效果的模板
用作模板的地坪、胎膜质量	全数检查	观察	用作模板的地坪、胎模等应平整光洁，不得产生影响构件质量的下沉、裂缝、起砂或起鼓

续表

检验名称	检查数量	检验方法	质量合格标准
模板起拱高度	在同一检验批内，对梁，应抽查构件数量的10%，且不少于3件；对板，应按有代表性的自然间抽查10%，且不少于3间；对大空间结构，板可按纵、横轴线划分检查面，抽查10%，且不少于3面	水准仪或接线、钢尺检查	对跨度不小于4m的现浇钢筋混凝土梁、板，其模板应按设计要求起拱，当设计无具体要求时，起拱高度宜为跨度的1/1000～3/1000

表 5-3　预埋件和预留孔洞的允许偏差

名　称		允许偏差/mm	检查数量
预埋钢板中心位置线		3	在同一检验批内，对梁，应抽查构件数量的10%，且不少于3件；对板，应按有代表性的自然间抽查10%，且不少于3间；对大空间结构，板可按纵、横轴线划分检查面，抽查10%，且不少于3面
预埋管、预留孔中心位置		3	
插筋	中心线位置	5	
	外露长度	+10,0	
预埋螺栓	中心线位置	2	
	外露长度	+10,0	
预留洞	中心线位置	10	
	尺寸	+10,0	

注：检查中心线的位置时，应沿纵、横两个方向量测，并取其中较大值。

表 5-4　现浇结构模板安装的质量验收

名称		允许偏差/mm	检查方法
轴线位置		5	钢尺检查
底模上表面标高		±5	水准仪或拉线、钢尺检查
截面内部尺寸	基础	±10	钢尺检查
	柱、墙、梁	+4,−5	钢尺检查
层高垂直度	不大于5m	6	经纬仪或吊线、钢尺检查
	大于5m	8	经纬仪或吊线、钢尺检查
相邻两板表面高低差		2	钢尺检查
表面平整度		3	2m靠尺和塞尺检查

注：检查中心线的位置时，应沿纵、横两个方向量测，并取其中较大值。

模板安装施工时常出现模板支撑混乱的现象，如图5-3所示。

解决方法：对于支承达不到安全要求的应该及时和现场相关技术人员沟通，出具整改方案，按照方案进行整改，整改后必须符合安全规范的要求。

表 5-5　预制构件模板安装的允许偏差质量验收

名称		允许偏差/mm	检查方法
长度	板、梁	±5	钢尺量两角，取其中大值
	薄腹梁、桁架	±10	
	柱	0,−10	
	墙板	0,−5	
宽度	板、墙板	0,−5	钢尺量一端及中部，取其中较大值
	梁、薄腹梁、桁架、柱	+2,−5	
高(厚)度	板	+2,−3	钢尺量一端及中部，取其中较大值
	墙板	0,−5	
	梁、薄腹梁、桁架、柱	+2,−5	
侧向弯曲	梁、板、柱	$L/1000$ 且≤15	拉线、钢尺量最大弯曲处
	墙板、薄腹梁、桁架	$L/1000$ 且≤15	
板的表面平整度		3	2m 靠尺和塞尺检查
相邻两板表面高低差		1	钢尺检查
对角线差	板	7	钢尺量两个对角线
	墙板	5	
翘曲	板、墙板	$L/1500$	调平尺在两端量测
设计起拱	薄腹梁、桁架、梁	±3	接线、钢尺量跨中

注：L 为构件长度，单位为 mm。

梁侧没有三角撑，或是对拉螺栓，这样梁两侧混凝土压力不能在梁两侧自平衡，很容易胀模，立杆上端成了一个悬臂构件，因为它的变形会导致梁上宽下窄。

图 5-3　梁体支模不合格

碗扣式钢管模板支撑体系应该按照以下几个重点方面进行验收。

① 立杆基础　基础经验收合格，平整坚实与方案一致，立杆底部有底座或者垫板应符合方案要求，并准确放线定位。基础是否有不均匀沉降、立杆底座与基础面的接触有无松动或悬空现象。

② 剪刀撑　纵向剪刀撑按每腹板下及周边各设一道，横向剪刀撑按每隔4.8m

设置一道，水平剪刀撑按上、中、下各设一道。

③ 杆件连接　步距、纵距、横距和立杆垂直度搭设误差应符合相应规范要求，保证架体几何不变性的斜杆、十字撑等设置是否完善。立杆上碗口是否可靠锁紧、立杆连接销是否安装、斜杆扣接点是否符合相应规范要求、扣减螺栓拧紧程度符合规范要求。碗扣支架总体稳定，构造措施按规范执行。

二、模板拆除施工质量验收

1. 模板拆除的顺序

拆模的一般程序是：后支的先拆，先支的后拆；先拆除非承重部分，后拆除承重部分，做到不损伤构件或模板。

2. 模板拆除施工要点

(1) 工具式支模的梁、板模板的拆除　应先拆卡具、顺口方木、侧板，再松动木楔，使支柱、桁架等降下，逐段抽出底模板和横挡木，最后取下桁架、支柱。

(2) 采用定型组合钢模板支设的侧板的拆除　应先卸下对拉螺栓的螺帽及钩头螺栓、钢楞，退出时要拆除模板上的U形卡，然后由上而下一块块拆卸。

(3) 框架结构的柱、梁、板的拆除　框架结构柱、梁、板拆除施工，如图5-4所示。

应先拆柱模板，再松动支撑立杆上的螺纹杆升降器，使支撑梁、板横楞的檩条平稳下降，然后拆除梁侧板、平台板，抽出梁底板，最后取下横楞、梁檩条、支柱连杆和立柱。

图5-4　框架结构柱模板拆除

3. 模板拆除施工质量验收

模板拆除施工质量验收的具体内容见表5-6和表5-7。

模板拆除过程中常出现野蛮施工的现象，如图5-5所示。

解决方法：严格要求现场施工人员按照拆模的规范要求进行施工，防止发生质量安全事故。按照《混凝土结构工程施工质量验收规范》(GB 50204—2015)的要求，模板的拆除应该遵循以下条件和顺序进行：混凝土结构浇筑后，达到一定强度后方可拆模。主要是通过同条件养护的混凝土试块的强度来决定什么时候可以拆模，模板拆卸日期应按结构特点和混凝土所达到的强度来确定。

表 5-6　底模拆除时的混凝土强度验收

构件名称	构件跨度/m	达到设计的混凝土立方体抗压强度标准值的百分比/%	检查数量	检验方法
板	≤2	≥50	全数检查	检查同条件养护时间强度的试验报告
	>2,≤8	≥75		
	>8	≥100		
梁、拱、壳	≤8	≥75		
	>8	≥100		
悬臂构件	—	≥100		

表 5-7　后张法预应力构件及后浇带模板拆除质量验收

名称	检验方法	质量合格标准
后张法预应力构件模板拆除	观察检验	对后张法预应力混凝土结构构件，侧模宜在预应力张拉前拆除。底模支架的拆除应按施工技术方案执行，当无具体要求时，不应在结构构件建立预应力前拆除
后浇带模板拆除	观察检验	后浇带模板的拆除和支顶应按施工技术方案执行

经验指导：严重违反拆模程序，不按照施工规范拆模，为了进度赶工，拆了架子赶快去周转。这样不仅会影响混凝土的外观质量，更为严重的是导致施工安全隐患。这样拆模虽不容易导致致命性的安全事故，但如果整体下落砸到人，也是很严重的事故。

图 5-5　模板拆除不合格

第二节　钢筋分项工程施工质量验收

一、钢筋原材质量验收

1. 热轧钢筋

热轧钢筋（图 5-6）是经热轧成型并自然冷却的成品钢筋，分为热轧光圆钢筋和热轧带肋钢筋两种。

热轧光圆钢筋是经热轧成型并自然冷却，横截面通常为圆形，表面光滑的成品为光圆钢筋。带肋钢筋是横截面通常为圆形，且表面带肋的混凝土结构用钢材。

图 5-6 热轧钢筋

（1）热轧钢筋的牌号及分类

热轧光圆钢筋按屈服强度特征值为 300 级，热轧带肋钢筋按屈服强度特征值分为 335 级、400 级、500 级。钢筋牌号的构成及其含义见表 5-8。

表 5-8 热轧钢筋牌号的构成

类别		牌号	牌号构成
热轧光圆钢筋		HPB300	由 HPB＋屈服强度特征值构成
热轧带肋钢筋	普通热轧钢筋	HRB335	由 HRB＋屈服强度特征值构成
		HRB400	
		HRB500	
	细晶粒热轧钢筋	HRBF335	由 HRBF＋屈服强度特征值构成
		HRBF400	
		HRBF500	

直径 6.5～9mm 的钢筋，大多数卷成盘条；直径10～40mm的一般是 6～12m长的直条。Ⅰ级钢筋（HPB300级钢筋）均轧制为光面圆形截面，供应形式有盘圆，直径不大于10mm，长度为6～12m。

图 5-7 光圆钢筋

(2) 光圆钢筋　光圆钢筋(图 5-7)是经热轧成型并自然冷却的成品钢筋，由低碳钢和普通合金钢在高温状态下压制而成，主要用于钢筋混凝土和预应力混凝土结构的配筋，是土木建筑工程中使用量最大的钢材品种之一。

① 光圆钢筋的公称横截面面积与理论质量见表 5-9。

表 5-9　光圆钢筋公称横截面面积与理论质量

公称直径/mm	公称横截面面积/mm²	理论质量/(kg/m)	直条钢筋实际质量与理论质量的偏差/%	允许偏差/mm	不圆度/mm
6(6.5)	28.27(33.18)	0.222(0.260)	±7	±0.3	≤0.4
8	50.27	0.395			
10	78.54	0.617			
12	113.1	0.888			
14	153.9	1.21	±5	±0.4	
16	201.1	1.58			
18	254.5	2.00			
20	314.2	2.47			
22	380.1	2.98			

注：钢筋直径的测量应精确到 0.1mm。

② 光圆钢筋检验规则、检验项目的内容和方法见表 5-10 和表 5-11。

表 5-10　光圆钢筋检验规则的内容

名称	内容
同规格检查数量	钢筋应按批进行检查和验收，每批由同一牌号、同一炉罐号、同一尺寸的钢筋组成。每批质量通常不大于 60t。超过 60t 的部分，每增加 40t(或不足 40t 的余数)，增加一个拉伸试验试样和一个弯曲试验试样
不同规格检查数量	允许由同一牌号、同一冶炼方法、同一浇筑方法的不同炉罐号组成混合批。各炉罐号含碳量之差不大于 0.02%，含锰量之差不大于 0.15%。混合批的质量不大于 60t

表 5-11　光圆钢筋检验项目及方法

序号	检验项目	取样数量	取样方法	试验方法
1	化学成分(熔炼分析)	1	GB/T 20066	GB/T 223 GB/T 4336
2	拉伸	2	任选两根钢筋切取	GB/T 228、GB 1499.1
3	弯曲	2	任选两根钢筋切取	GB/T 232、GB 1499.1
4	尺寸	逐支(盘)	—	GB 1499.1
5	表面	逐支(盘)	—	目视
6	质量偏差	GB 1499.1		GB 1499.1

注：对化学分析和拉伸试验结果有争议时，仲裁试验分别按 GB/T 223、GB/T 228 进行。

③ 重量测量。钢筋实际质量与理论质量的偏差按下式计算：

$$质量偏差(\%)=\frac{试样实际总质量-(试样总长度\times理论质量)}{试样总长度\times理论质量}\times100$$

(3) 热轧带肋钢筋

① 带肋钢筋的表面形状（图 5-8）及允许偏差如表 5-12 所示。

钢筋的公称直径范围为6～50 mm，钢筋牌号以阿拉伯数字或阿拉伯数字加英文字母表示，HRB335、HRB400、HRB500分别以3、4、5表示；HRBF335、HRBF400、HRBF500分别以C3、C4、C5表示；HRB335E、HRB400E、HRB500E分别以3E、4E、5E表示；HRBF335E、HRBF400E、HRBF500E分别以C3E、C4E、C5E表示。

图 5-8 带肋钢筋

表 5-12 带肋钢筋尺寸及允许偏差 单位：mm

公称直径	内径 d_1 公称尺寸	内径 d_1 允许偏差	横肋高 h 公称尺寸	横肋高 h 允许偏差	纵肋高 h_1（不大于）	横肋宽 b	纵肋宽 a	间距 l 公称尺寸	间距 l 允许偏差	横肋末端最大间隙（公称周长的 10% 弦长）
6	5.8	±0.3	0.6	±0.3	0.8	0.4	1.0	4.0	±0.5	1.8
8	7.7	±0.4	0.8	+0.4 −0.3	1.1	0.5	1.5	5.5	±0.5	2.5
10	9.6	±0.4	1.0	±0.4	1.3	0.6	1.5	7.0	±0.5	3.1
12	11.5	±0.4	1.2	+0.4 −0.5	1.6	0.7	1.5	8.1	±0.5	3.7
14	13.4	±0.4	1.4	+0.4 −0.5	1.8	0.8	1.8	9.0	±0.5	4.3
16	15.4	±0.4	1.5	+0.4 −0.5	1.9	0.9	1.8	10.0	±0.5	5.0
18	17.3	±0.4	1.6	±0.5	2.0	1.0	2.0	10.0	±0.5	5.6
20	19.3	±0.5	1.7	±0.5	2.1	1.2	2.0	10.0	±0.8	6.2
22	21.3	±0.5	1.9	±0.6	2.4	1.3	2.5	10.5	±0.8	6.8
25	24.2	±0.5	2.1	±0.6	2.6	1.5	2.5	12.5	±0.8	7.7
28	27.2	±0.6	2.2	±0.6	2.7	1.7	3.0	12.5	±0.8	8.6
32	31.0	±0.6	2.4	+0.8 −0.7	3.0	1.9	3.0	14.0	±1.0	9.9
36	35.0	±0.6	2.6	+1.0 −0.8	3.2	2.1	3.5	15.0	±1.0	11.1
40	38.7	±0.7	2.9	±1.1	3.5	2.2	3.5	15.0	±1.0	12.4

② 带肋钢筋检验规则、检验项目的内容和方法见表 5-13。

表 5-13　检验项目及方法

检验项目	取样数量	取样方法	试验方法
化学成分（熔炼分析）	1	GB/T 20066	GB/T 223 GB/T 4336
拉伸	2	任选两根钢筋切取	GB/T 228、GB 1499.2
弯曲	2	任选两根钢筋切取	GB/T 232、GB 1499.2
反向弯曲	1	—	YB/T 5126、GB 1499.2
疲劳试验	供需双方协议		
尺寸	逐支	—	GB 1499.2
表面	逐支	—	目视
重量偏差	GB 1499.2		GB 1499.2
晶粒度	2	任选两根钢筋切取	GB/T 6394

(4) 热轧钢筋质量验收要点　热轧钢筋验收要点的内容如表 5-14 所示。

表 5-14　热轧钢筋验收要点

名称	内　容
光圆钢筋	按定尺长度出货的直条钢筋，其长度允许偏差范围为 0～+50mm。按盘卷交货的钢筋，每根盘条重量应不小于 500kg，每盘重量应不小于 1000kg
热轧带肋钢筋	钢筋按定尺交货时的长度允许偏差为±25mm。当要求最小长度时，其偏差为+50mm；当要求最大长度时，其偏差为−50mm

2. 冷轧扭钢筋

冷轧扭钢筋（图 5-9）是低碳钢热轧圆盘条经专用钢筋冷轧扭机调直、冷轧并冷扭（或冷滚）一次成型具有规定截面形式和相应节距的连续螺旋状钢筋。

这种钢筋具有较高的强度，而且有足够的塑性，与混凝土黏结性能优异。该新型钢筋外观呈连续均匀的螺旋状，表面光滑无裂痕。

图 5-9　冷轧扭钢筋

(1) 分类及标志组成

① 分类。依据现行行业标准《冷轧扭钢筋》（JG 190—2006）的规定，冷轧

扭钢筋按其强度级别不同分为550级、650级两级；冷轧扭钢筋按其截面形状不同分为近似矩形截面为Ⅰ型、近似正方形截面为Ⅱ型、近似圆形截面为Ⅲ型三种类型。

② 冷轧扭钢筋标志的组成如图5-10所示。

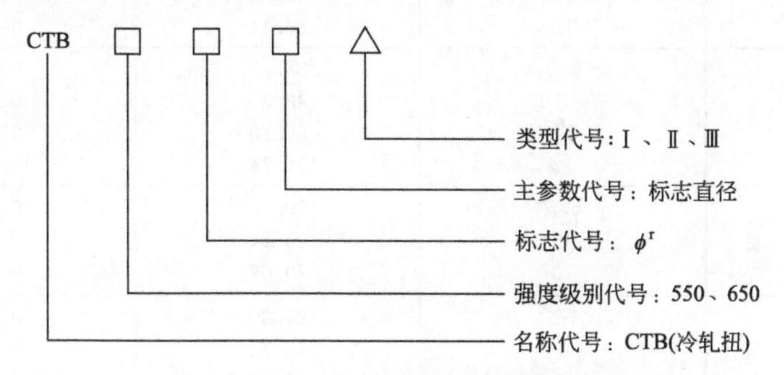

图5-10 冷轧扭钢筋标志的组成

(2) 截面控制尺寸 冷轧扭钢筋的截面控制尺寸的内容如表5-15所示。

表5-15 冷轧扭钢筋的截面控制尺寸内容

强度级别	型号	标志直径 d/mm	截面控制尺寸/mm,不小于				节距 l_1/mm,不大于
			轧扁厚度 t_1	正方形边长 a_1	外圆直径 d_1	内圆直径 d_2	
CTB550	Ⅰ	6.5	3.7	—	—	—	75
		8	4.2	—	—	—	95
		10	5.3	—	—	—	110
		12	6.2	—	—	—	150
	Ⅱ	6.5	—	5.40	—	—	30
		8	—	6.50	—	—	40
		10	—	8.10	—	—	50
		12	—	9.60	—	—	80
	Ⅲ	6.5	—	—	6.17	5.67	40
		8	—	—	7.59	7.09	60
		10	—	—	8.49	8.89	70
CTB650	Ⅲ	6.5	—	—	6.00	5.50	30
		8	—	—	7.38	6.88	50
		10	—	—	9.22	8.67	70

(3) 公称横截面面积和理论质量 冷轧扭钢筋的公称横截面面积和理论质量的内容见表5-16。

(4) 检验项目及方法 冷轧扭钢筋的检验项目及方法如表5-17所示。

3. 余热处理钢筋

余热处理钢筋（图5-11）是经热轧后立即穿水，进行表面控制冷却，然后利用芯部余热自身完成回火处理所得的成品钢筋。

表 5-16　公称横截面面积和理论质量的内容

强度级别	型号	标志直径 d/mm	公称横截面面积 A_s/mm²	理论质量/(kg/m)
CTB550	Ⅰ	6.5 8 10 12	29.50 45.30 68.30 96.14	0.232 0.356 0.536 0.755
	Ⅱ	6.5 8 10 12	29.20 42.30 66.10 92.74	0.229 0.332 0.519 0.728
CTB550	Ⅲ	6.5 8 10	29.86 45.24 70.69	0.234 0.355 0.555
CTB650	Ⅲ	6.5 8 10	28.20 42.73 66.76	0.221 0.335 0.524

注：冷轧扭钢筋实际质量与理论质量的负偏差不应大于 5%。

表 5-17　冷轧扭钢筋的检验项目及方法

检验项目	取样数量		测试方法
	出厂检验	型式检验	
外观	逐根	逐根	目测
截面控制尺寸	每批 3 根	每批 3 根	JG 190
节距	每批 3 根	每批 3 根	JG 190
定尺长度	每批 3 根	每批 3 根	JG 190
重量	每批 3 根	每批 3 根	JG 190
化学成分	—	每批 3 根	GB 223.69
拉伸试验	每批 2 根	每批 3 根	JG 190
180°弯曲试验	每批 1 根	每批 3 根	GB/T 232

余热处理带肋钢筋的级别为HRB400级，强度等级代号为KL400（K为控制的意思）。

图 5-11　余热处理钢筋

（1）余热处理钢筋的公称横截面积与公称质量的内容见表5-18。

表5-18 公称横截面积与公称质量的内容

公称直径/mm	公称横截面面积/mm^2	公称质量/(kg/m)	实际质量与公称质量的偏差/%
8	50.27	0.395	±7
10	78.54	0.617	
12	118.1	0.888	
14	153.9	1.21	±5
16	201.1	1.58	
18	254.5	2.00	
20	314.2	2.47	
22	380.1	2.98	±4
25	490.9	3.85	
28	615.8	4.83	
32	804.2	6.31	
36	1018	7.99	
40	1257	9.87	

注：表中公称质量按密度为7.85g/cm^3计算。

（2）余热钢筋的长度及允许偏差。钢筋按直条交货时，其通常长度为3.5～12m。其中长度为3.5～6m之间的钢筋不应超过每批质量的3%。

（3）质量及允许偏差的内容见表5-18。

（4）余热处理钢筋的检验项目及方法见表5-19。

表5-19 余热处理钢筋的检验项目及方法

检验项目	取样数量	取样方法	试验方法
化学成分（熔炼分析）	1	GB/T 20066	GB/T 223
拉伸	2	任选两根钢筋切取	GB/T 228、GB 13014
冷弯	2	任选两根钢筋切取	GB/T 228、GB 13014
尺寸	逐支	—	GB 13014
表面	逐支	—	目视
质量偏差	GB 13014		GB 13014

检验规则：钢筋应按批进行检查和验收，每批质量不大于60t；每批应由同一牌号、同一炉罐号、同一规格、同一交货状态的钢筋组成；不大于30t的冶炼炉冶炼制成的钢坯和连铸坯轧制的钢筋，允许由同一牌号、同一冶炼方法、同一浇筑方法的不同炉罐号组成混合批，但每批不多于6个炉罐号；各炉罐号含碳量之差不得大于0.02%，含锰量之差不得大于0.15%。

（5）测量钢筋质量偏差时，试样应从不同根钢筋上截取，数量不少于10支，每支试样长度不小于 60m。长度应逐支测量，应精确到 10m。测量试样总质量不大于 100kg 时，精确到 0.5kg；试样总质量大于 100kg 时，精确到 1kg。

钢筋实际质量与理论质量的偏差按下式计算。

$$质量偏差(\%)=\frac{试样实际总质量-(试样总长度\times理论质量)}{试样总长度\times理论质量}\times100$$

4. 无黏结预应力钢绞线

无黏结预应力钢绞线（图 5-12）外包高密度聚乙烯挤塑成型的塑料管，该塑料管与钢筋之间采用防锈、防腐润滑油脂涂层。无黏结预应力筋是采用无黏结预应力钢绞线的预应力筋。

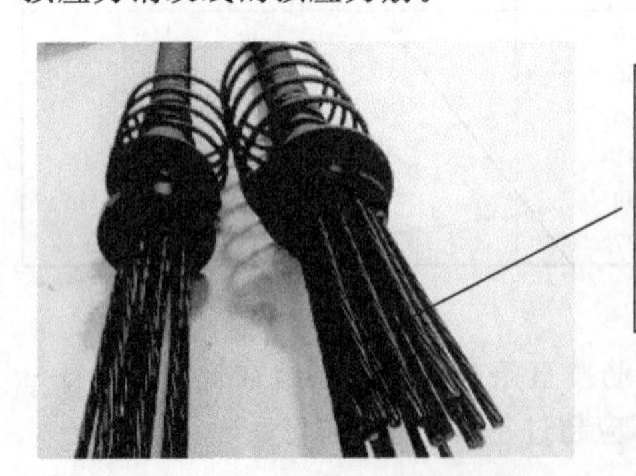

质量要求： 无黏结预应力钢绞线的护套表面应光滑、无凹陷、无可见钢绞线轮廓、无裂缝、无气孔、无明显折皱和机械损伤。

修补方法： 无黏结预应力钢绞线损伤处可采用外包防水聚乙烯胶带进行修补。

图 5-12 无黏结预应力钢绞线

（1）无黏结预应力钢绞线标记的组成见图 5-13。

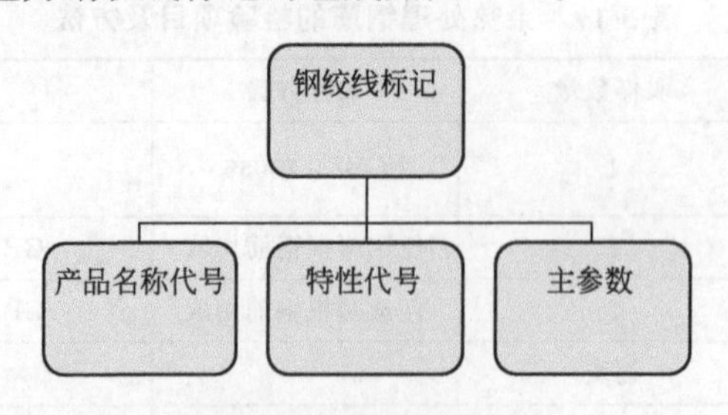

图 5-13 钢绞线标记

（2）无黏结预应力钢绞线的主要规格如表 5-20 所列。

表 5-20 无黏结预应力钢绞线的规格

钢绞线			防腐润滑脂质量 W_s/(g/m)不小于	护套厚度/mm 不小于
公称直径/mm	公称截面积/mm²	公称强度/MPa		
9.50	54.8	1720	32	0.8
		1860		
		1960		

续表

钢绞线			防腐润滑脂质量 $W_s/(g/m)$不小于	护套厚度/mm 不小于
公称直径/mm	公称截面积/mm²	公称强度/MPa		
12.70	98.7	1720	43	1.0
		1860		
		1960		
15.20	140.0	1570	50	1.0
		1670		
		1720		
		1860		
		1960		
15.70	150.0	1770	53	1.0
		1860		

(3) 无黏结预应力钢绞线的检验项目和组批规则

① 原材料检验项目的内容如表 5-21 所列。

表 5-21 原材料检验项目的内容

钢绞线	防腐润滑脂	高密度聚乙烯树脂
直径 整根钢绞线的最大力 规定非比例延伸力 最大力总伸长率 伸直性 外观	滴点 腐蚀试验	熔体流动速率 密度 拉伸屈服强度 断裂伸长率

② 出厂检验项目的内容如表 5-22 所列。

③ 无黏结预应力钢绞线的组批规则如下。

a. 无黏结预应力筋中钢绞线应按批验收，每批由同一钢号、同一规格、同一生产工艺生产的钢绞线组成。每批重量不大于 60t。每批随机抽取 3 根钢绞线进行检验。

b. 防腐润滑脂滴点和腐蚀试验，按批进行验收，每批由同一牌号、同一生产工艺生产的油脂组成，每批重量不大于 50t。随机抽取样品 2.0kg 进行表 5-21 中规定项目检验。

c. 防腐润滑脂重量按无黏结预应力钢绞线供货批验收，每不大于 30t 抽取 3 件试样进行检验。

d. 护套拉伸及弯曲试验按无黏结预应力钢绞线供货批验收，每不大于 60t 抽取 3 件试样进行检验。护套原料按批进行验收，每批由同一牌号、同一生产工艺生产的高密度聚乙烯树脂组成。每批重量不大于50t随机抽取样品2.0kg进行检验。

表5-22 出厂检验项目的具体内容

类别	型式检验	出厂检验
钢绞线	直径	直径
	整根钢绞线的最大力	整根钢绞线的最大力
	规定非比例延伸力	规定非比例延伸力
	最大力总伸长率	最大力总伸长率
	伸直性	伸直性
防腐润滑脂	工作锥入度	—
	滴点	滴点
	腐蚀试验	腐蚀试验
	盐雾试验	—
	对套管的兼容性	—
	防腐润滑脂质量	防腐润滑脂质量
护套	拉伸强度	拉伸强度
	弯曲屈服强度	弯曲屈服强度
	断裂伸长率	断裂伸长率
	护套厚度	护套厚度
摩擦试验	μ	—
	x	—
	外观	外观

e. 护套厚度按无黏结预应力钢绞线供货批验收，每不大于30t抽取3件试样进行检验。

5. 高强碳素钢丝

(1) 高强碳素钢丝（图5-14）的分类见表5-23。

表5-23 高强碳素钢丝的分类

分类形式	内容
按交货状态分类	冷拉钢丝、消除应力钢丝
按松弛性能分类	低松弛级钢丝、普通松弛级钢丝
按外形分类	光圆钢丝、螺旋肋钢丝、刻痕钢丝
按松弛性能分类	Ⅰ级和Ⅱ级松弛

(2) 尺寸、外形、重量及允许偏差

① 光圆钢丝的尺寸及允许偏差见表5-24的规定。

图 5-14 高强碳素钢丝

表 5-24 光圆钢丝尺寸及允许偏差的规定

公称直径 d_n/mm	直径允许偏差/mm	公称横截面积 S_n/mm^2	每米参考质量/(g/m)
3.00	±0.04	7.07	55.5
4.00		12.57	98.6
5.00	±0.05	19.63	154
6.00		28.27	222
6.25		30.68	241
7.00		38.48	302
8.00	±0.06	50.26	394
9.00		63.62	499
10.00		78.54	616
12.00		113.1	888

② 螺旋肋钢丝的尺寸及允许偏差见表 5-25 的规定。

表 5-25 螺旋肋钢丝尺寸及允许偏差的规定

公称直径 d_n/mm	螺旋肋数量/条	基圆尺寸		外轮廓尺寸		单肋尺寸	螺旋肋导程 C/mm
		基圆直径 D_1/mm	允许偏差/mm	外轮廓直径 D/mm	允许偏差/mm	宽度 a/mm	
4.00	4	3.85	±0.05	4.25	±0.05	0.90～1.30	24～30
4.80	4	4.60		5.10		1.30～1.70	28～36
5.00	4	4.80		5.30			
6.00	4	5.80		6.30		1.60～2.00	30～38
6.25	4	6.00		6.70			30～40
7.00	4	6.73		7.46	±0.10	1.80～2.20	35～45
8.00	4	7.75		8.45		2.00～2.40	40～50
9.00	4	8.75		9.45		2.10～2.70	42～52
10.80	4	9.75		10.45		2.50～3.00	45～58

③ 三面刻痕钢丝的尺寸及允许偏差见表 5-26 的规定。

表 5-26　三面刻痕钢丝尺寸及允许偏差的规定　　单位：mm

公长直径 d_n	刻痕深度		刻痕长度		节距	
	公称深度 a	允许偏差	公称深度 b	允许偏差	公称节距 L	允许偏差
≤5.00	0.12	±0.05	3.5	±0.05	5.5	0.05
>5.00	0.15		5.0		8.0	

注：公称直径指横截面积等同于光圆钢丝横截面积时所对应的直径。

(3) 高碳素钢丝的检验项目及方法见表 5-27。

表 5-27　高碳素钢丝的检验项目及检验方法

检验项目	取样数量	取样部位	检验方法
表面	逐盘		目视
外形尺寸	逐盘		GB/T 5223
消除应力钢丝伸直性	1 根/盘		用分度值为 1mm 的量具测量
抗拉强度	1 根/盘		GB/T 5223
规定非比例伸长应力	3 根/每批		GB/T 5223
最大力下总伸长率	3 根/每批		GB/T 5223
断后伸长率	根/每批	在每(任一)盘中任意一端截取	GB/T 5223
弯曲	1 根/盘		GB/T 5223
扭转	1 根/盘		GB/T 5223
断面收缩率	1 根/盘		GB/T 5223
镦头强度	3 根/每批		GB/T 5223
应力松弛性能	不少于 1 根/每合同批		GB/T 5223

注：钢丝应成批检查和验收，每批钢丝由同一牌号、同一规格、同一加工状态的钢丝组成，每批重量不大于 60t。

6. 冷拔低碳钢丝

冷拔低碳钢丝（图 5-15）是低碳钢热轧圆盘条经一次或多次冷拔制成的以盘卷供货的钢丝。冷拔低碳钢丝有较高的抗拉强度，用于混凝土制品（如预应力管、自应力管、排水管、电杆、管桩及市政水泥制品）的受力筋（甲级冷拔低碳钢丝适用于作预应力筋）或构造筋（乙级冷拔低碳钢丝适用于作焊接网、焊接骨架、箍筋和构造钢筋）。

(1) 直径允许偏差及横截面面积规定　冷拔低碳钢丝直径允许偏差及横截面面积的规定见表 5-28。

冷拔低碳钢丝应分批验收，以5t为一批(每批指用同材料的钢筋冷拔成相同直径的钢丝)，外观检查要求表面没有锈蚀、伤疤、裂纹和油污，直径大小应符合有关规定。

图 5-15 冷拔低碳钢丝

表 5-28 冷拔低碳钢丝的规定 单位：mm

公称直径 d	直径允许偏差	公称横截面面积 S
3.0	±0.06	7.07
4.0	±0.08	12.57
5.0	±0.10	19.63
6.0	±0.12	28.27

(2) 质量要求及测量方法 冷拔低碳钢丝的质量要求及测量方法如表 5-29 所列。

表 5-29 冷拔低碳钢丝的质量要求及测量方法

名称	内容
质量要求	冷拔低碳钢丝表面不应有裂纹、小刺、油污及其他机械损伤。冷拔低碳钢丝表面允许有浮锈，但不得出现锈皮及肉眼可见的锈蚀麻坑
测量方法	冷拔低碳钢丝直径应采用分度值不低于 0.01mm 的量具测量，测量位置应为共同一截面的两个垂直方向，测量结果为两次测量值的平均值，精确到 0.01mm

(3) 冷拔低碳钢丝的检查项目及方法 冷拔低碳钢丝的检查项目及方法如表 5-30 所列。

表 5-30 冷拔低碳钢丝的检查项目及方法

检查项目	取样数量	检验方法
表面重量	逐盘	目测
直径	每批不少于 5 盘	JC/T 540
抗拉强度	甲级逐盘/乙级每批不少于 3 盘	GB/T 228
断后伸长率		
反复弯曲次数		

注：冷拔低碳钢丝应成批进行检查和验收，每批冷拔低碳钢丝应由同一钢厂、同一钢号、同一总压缩率、同一直径组成，甲级冷拔低碳钢丝每批质量不大于 30t，乙级冷拔低碳钢丝每批质量不大于 50t。

钢筋原材验收时常出现进场钢筋原材（盘条）接头过多、表面起皮的现象，如图 5-16 所示。

图 5-16　钢筋原材质量不合格

解决方法：钢筋进场应现场检验以下项目。混凝土结构工程所用的钢筋都应有出厂质量证明书或试验报告单，每捆（盘）钢筋均应有标牌。钢筋进场时应按批号及直径分批验收，验收的内容包括查对标牌、外观检查，并按有关标准的规定抽取试样做力学性能试验，合格后方可使用。

二、钢筋加工质量验收

1. 钢筋调直

钢筋调直施工操作如图 5-17 所示。

图 5-17　钢筋采用调直机调直

钢筋调直操作质量验收的具有内容见表 5-31。

表 5-31 钢筋调直操作的具体内容

名称	内容
检验方法	观察、钢尺检查
检验数量	按每工作班同一类型钢筋、同一加工设备抽查不应少于 3 件
质量合格标准	当采用冷拉法调直时，HPB300 光圆钢筋的冷拉率不宜大于 4%；HRB335、HRB400、HRB500、HRBF335、HRBF400、HRBF500 及 RRB400 带肋钢筋的冷拉率不宜大于 1%

2. 钢筋弯曲成型

(1) 受力钢筋的弯钩和弯折加工操作　如图 5-18 所示。

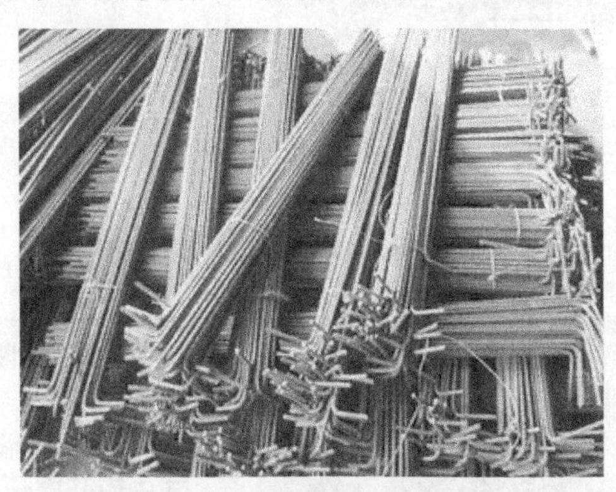

图 5-18　柱中受力筋弯钩加工

受力钢筋的弯钩和弯折加工质量验收的具体内容见表 5-32。

表 5-32　受力钢筋的弯钩和弯折加工质量验收

名称	内容	图例
钢筋末端做 180°弯钩	HPB300 级钢筋末端应做 180°弯钩，其弯弧内直径不应小于钢筋直径的 1.5 倍，弯钩的弯后平直部分长度不应小于钢筋直径的 3 倍	d　D　平直长度
钢筋末端做 135°弯钩	当设计要求钢筋末端顺做 135°弯钩时，HRB335 级 HRB400 级钢筋的弯弧内直径不应小于钢筋直径的 4 倍	d　D　平直长度
钢筋末端做 90°弯钩	钢筋做不大于 90°的弯折时，弯折处的弯弧内直径不应小于钢筋直径的 5 倍	d　D　平直长度

（2）箍筋弯钩加工质量验收　箍筋弯钩加工操作如图 5-19 和图 5-20 所示。

此图箍筋弯钩为90°，实际图纸要求钢筋弯钩为135°。

图 5-19　箍筋弯钩加工质量不合格

矩形箍筋下料长度可按下列公式计算：
箍筋下料长度=箍筋周长+箍筋调整值
式中箍筋周长=2×(外包宽度+外包长度)；
外包宽度=$b-2c+2d$；
外包长度=$h-2c+2d$；
$b\times h$——构件横截面宽×高；
c——纵向钢筋的保护层厚度；
d——箍筋直径。

图 5-20　箍筋弯钩长度不合格

箍筋弯钩加工质量验收的具体内容见表 5-33 和表 5-34。

表 5-33　箍筋弯钩加工质量验收

名称	内　容
检验方法	观察、钢尺检查
检验数量	按每工作班同一类型钢筋、同一加工设备抽查不应少于 3 件
质量合格标准	①箍筋弯钩的弯弧内直径除应满足上述的规定外，尚应不小于受力钢筋直径 ②箍筋弯钩的弯折角度：对一般结构，不应小于 90°；对有抗震等要求的结构，应为 135° ③箍筋弯后平直部分长度：对一般结构，不宜小于箍筋直径的 5 倍；对有抗震等要求的结构，不应小于箍筋直径的 10 倍

钢筋加工过程中常出现箍筋成品尺寸不合格的现象，如图 5-21 所示。

表 5-34 箍筋调整值

箍筋量度方法	箍筋直径/mm			
	4～5	6	8	10～12
内皮尺寸	80	100	120	150～170
外皮尺寸	40	50	60	70

原因分析： 钢筋加工前未审批钢筋下料单，加工时造成大量箍筋成品尺寸不合格，无法用于施工，损失严重。

图 5-21 箍筋加工尺寸不合格

解决方法：加工过程中应严格按照下料单进行下料，加工过程中严格控制加工尺寸，以减少偏差。

三、钢筋连接质量验收

1. 钢筋电弧焊接

钢筋电弧焊接施工操作如图 5-22 所示。

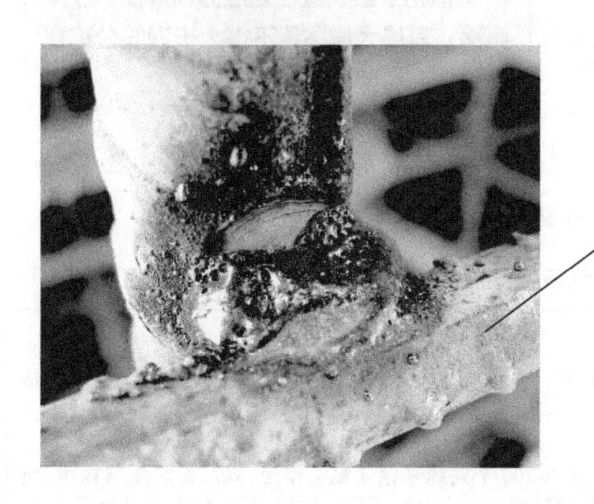

钢筋与钢板搭接焊时，HPB300钢筋的搭接长度 L 不得小于4倍钢筋直径。HRB335和HRB400钢筋的搭接长度 L 不得小于5倍钢筋直径，焊缝宽度 b 不得小于钢筋直径的0.6倍，焊缝厚度 S 不得小于钢筋直径的0.35倍。

图 5-22 钢筋电弧焊接

钢筋电弧焊接施工质量验收的具体内容见表 5-35。

表 5-35　钢筋电弧焊接施工质量验收

步骤	主要内容
确定取样数量	电弧焊接头外观检查，应在清渣后逐个进行目测或量测。当进行力学性能试验时，应按下面的规定抽取试件 ①在现浇混凝土结构中，应以 300 个同牌号钢筋、同形式接头作为一批；在房屋结构中，应在不超过两层楼中 300 个同牌号钢筋、同形式接头作为一批。每批随机切取 3 个接头，做拉伸试验 ②在装配式结构中，可按生产条件制作模拟试件，每批 3 个，做拉伸试验 ③钢筋与钢板电弧搭接焊接头可只进行外观检查
外观检查	焊缝表面应平整，不得有凹陷或焊瘤；焊接接头区域不得有肉眼可见的裂纹；坡口焊、熔槽帮条焊和窄间隙焊接头的焊缝余高不得大于 3mm
拉伸试验	钢筋电弧焊接头拉伸试验结果应符合下面的要求 ①3 个热轧钢筋接头试件的抗拉强度均不得小于该级别钢筋规定的抗拉强度 ②3 个接头试件均应断于焊缝之外，并应至少有 2 个试件呈延性断裂 当试验结果有 1 个试件的抗拉强度小于规定值，或有 1 个试件断于焊缝，或有 2 个试件发生脆性断裂时，应再取 6 个试件进行复验。复验结果当有 1 个试件抗拉强度小于规定值，或有 1 个试件断于焊缝，或有 3 个试件呈脆性断裂时，应确认该批接头为不合格品

2. 钢筋气压焊接

钢筋气压焊接操作施工如图 5-23 所示。

①接头部位两钢筋轴线不在同一直线上时，其弯折角不得大于4°。当超过限量时，应重新加热校正。

②镦粗区最大直径应为钢筋公称直径的1.4～1.6倍，长度应为钢筋公称直径的0.9～1.2倍，且凸起部分平缓圆滑。

③镦粗区最大直径处应为压焊面。若有偏移，其最大偏移量不得大于钢筋公称直径的0.2倍。

图 5-23　钢筋气压焊接

钢筋气压焊接施工质量验收的具体内容见表 5-36。

表 5-36　钢筋气压焊接施工质量验收

名称	质量合格标准
确定取样数量	气压焊接头应逐个进行外观检查。当进行力学性能试验时，应从每批接头中随机切取 3 个接头做拉伸试验；在梁、板的水平钢筋连接中，应另切取 3 个接头做弯曲试验，且应按下面中的规定抽取试件。 ①在现浇钢筋混凝土结构中，应以 300 个同牌号钢筋接头作为一批；在房屋结构中，应在不超过两层楼中 300 个同牌号钢筋接头作为一批；当不足 300 个接头时，仍应作为一批 ②在柱、墙的竖向钢筋连接中，应从每批接头中随机切取 3 个接头做拉伸试验；在梁、板的水平钢筋连接中，应另切取 3 个接头做弯曲试验

续表

名称	质量合格标准
外观检查	①接头处的轴线偏移不得大于钢筋直径的0.15倍，且不得大于4mm；当不同直径钢筋焊接时，应按较小钢筋直径计算；当大于上述规定值，但在钢筋直径的0.30倍以下时，可加热矫正；当大于钢筋直径的0.30倍时，应切除重焊 ②镦粗直径不得小于钢筋直径的1.4倍，当小于上述规定值时，应重新加热镦粗 ③镦粗长度不得小于钢筋直径的1.0倍，且凸起部分平缓圆滑；当小于上述规定值时，应重新加热镦长 ④压焊面偏移 d_h 不得大于钢筋直径的0.2倍
拉伸试验	气压焊接头拉伸试验结果，3个试件的抗拉强度均不得小于该级别钢筋规定的抗拉强度，并应断于压焊面之外，呈延性断裂。当有1个试件不符合要求时，应切取6个试件进行复验；复验结果，当仍有1个试件不符合要求，应确认该批接头为不合格品

3. 钢筋电渣压力焊

钢筋电渣压力焊施工操作如图5-24所示。

在钢筋电渣压力焊的焊接生产中，焊工应认真进行自检，若发现出现偏心、弯折、烧伤、焊包不饱满等焊接缺陷时，应切除接头重焊，并查找原因，及时消除。切除接头时，应切除热影响区的钢筋，即离焊缝中心约为1.1倍钢筋直径的长度范围内部分应切除。

图5-24 钢筋电渣压力焊

钢筋电渣压力焊施工质量验收的主要内容见表5-37和表5-38。

表5-37 钢筋电渣压力焊焊接参数

钢筋直径/mm	焊接电流/A	焊接电压/V		焊接通电时间/s	
		电弧过程	电渣过程	电弧过程	电渣过程
14	200～220	35～45	18～22	12	3
16	200～250		18～22	14	4
18	250～300	35～45	18～22	15	5
20	300～350	35～45	18～22	17	5
22	350～400	35～45	18～22	18	6
25	400～450	35～45	18～22	21	6
28	500～550	35～45	18～22	24	6
32	600～650	35～45	18～22	27	7

表 5-38　钢筋电渣压力焊焊接施工质量验收

名称	质量合格标准
确定取样数量	电渣压力焊接头应逐个进行外观检查，当进行力学性能试验时，应从每批接头中随机切取 3 个试件做拉伸试验，且应按下面的规定抽取试件 ①在现浇钢筋混凝土结构中，应以 300 个同牌号钢筋接头作为一批 ②在房屋结构中，应在不超过两层楼中 300 个同牌号钢筋接头作为一批 ③当不足 300 个接头时，仍应作为一批。每批随机切取 3 个接头做拉伸试验
外观检查	四周焊包凸出钢筋表面的高度不得小于 4mm；接头处的弯折角不得大于 4°；钢筋与电极接触处，应无烧伤缺陷；接头处的轴线偏移不得大于钢筋直径的 1 倍，且不得大于 2mm
拉伸试验	①电渣压力焊接头拉伸试验结果，3 个试件的抗拉强度均不得小于该级别钢筋规定的抗拉强度 ②当试验结果有 1 个试件的抗拉强度低于规定值，应再取 6 个试件进行复验。复验结果，当仍有 1 个试件的抗拉强度小于规定值，应确认该批接头为不合格品

4. 钢筋机械连接

钢筋机械连接施工操作如图 5-25 所示。

经验指导： 受拉钢筋应力较小部位或纵向受压钢筋，接头百分率可不受限制；对直接承受动力荷载的结构构件，接头百分率不应大于50%。

图 5-25　钢筋机械连接

钢筋机械连接施工操作质量验收的内容见表 5-39。

钢筋采用直螺纹连接时常出现连接不规范的现象，如图 5-26 所示。

解决方法：在现场施工过程中应建立完善的质量验收制度，由专业的技术人员进行指导施工，发现连接不合格的应立即进行整改，整改后再报有关部门进行验收。钢筋直螺纹连接加工与安装时要注意以下几个问题。

① 丝头加工长度为标准型套筒长度的 1/2 其公差为 $+2P$（P 为螺距）。

② 连接钢筋时，检查套筒和钢筋的规格是否一致，钢筋和套筒的螺纹是否干净、完好无损，连接套筒的位置、规格和数量应符合设计要求。经检查无误后拧下钢筋丝头保护帽和套筒保护帽，手工将两个待接钢筋的丝头拧入套筒中两至三个扣，以钢筋不脱离套筒为准，然后由两名操作工人各持一把力矩扳手，一把

咬住钢筋，另一把咬住套筒，检查两钢筋丝头在连接套两端外露应尽量一致，并保证偏差量不大于1P（P为螺距），两把力矩扳手共同用力直到接头拧紧。对已经拧紧的接头做标记，与未拧紧的接头区分开。

表 5-39 钢筋机械连接施工操作质量验收

名称	质量合格标准
钢筋接头工艺检验	每种规格钢筋的接头试件不应少于3根；第一次工艺检验中1根试件抗拉强度或3根试件的残余变形平均值不合格时，允许再抽3根试件进行复检，复检仍不合格时判为工艺检验不合格
钢筋接头现场检验	①接头安装前应检查连接件产品合格证及套筒表面生产批号标识；产品合格证应包括适用钢筋直径和接头性能等级、套筒类型，生产单位、生产日期以及可追溯产品原材料力学性能和加工质量的生产批号 ②现场检验应按《钢筋机械连接技术规程》(JGJ 107—2010)进行接头的抗拉强度试验、加工和安装质量检验，对接头有特殊要求的结构，应在设计图纸中另行注明相应的检验项目 ③接头的现场检验应按验收批进行。同一施工条件下采用同一批材料的同等级、同型式、同规格接头，应以500个为一个验收批进行检验与验收，不足500个也应作为一个验收批 ④螺纹接头安装后应按相应的验收批，抽取其中10%的接头进行拧紧扭矩校核，拧紧扭矩值不合格数超过被校核接头数的5%时，应重新拧紧全部接头，直到合格为止 ⑤现场检验连续10个验收批抽样试件抗拉强度试验一次合格率为100%时，验收批接头数量可扩大1倍 ⑥现场截取抽样试件后，原接头位置的钢筋可采用同等规格的钢筋进行搭接连接，或采用焊接及机械连接方法补接

产生原因：直螺纹连接不到位，直螺纹接头外露螺纹偏多，有的套筒和钢筋直径不配套。

图 5-26 直螺纹连接不规范

钢筋采用焊接连接过程中常出现接头偏心、焊包成形不良的现象，如图 5-27所示。

对焊接连接不合格的解决方法如下。

(1) 钢筋闪光对焊未焊透

① 现象：焊口局部区域未能相互结晶，焊合不良，接头镦粗变形量很小，

原因分析：施工人员操作不规范，导致焊接接头质量不合格。对于不合格的接头，应全部返工，重新焊接。

图 5-27 焊接连接不合格

挤出的金属生刺很不均匀，多集中于焊口，并产生严重的胀开现象；从断口上可看到如同有氧化膜的粘合面存在。

② 处理：对不符合要求的全部返工重焊。

(2) 钢筋闪光对焊接头弯折或偏心

① 现象：接头处产生弯折，折角超过规定或接头处偏心，轴线偏移大于 $0.1d$ 或 2mm。

② 处理：对不符合要求的全部返工重焊。

(3) 电渣压力焊接头偏心和倾斜

① 现象：弯折角度大于 4°，轴线偏移大于 $0.1d$（d 为钢筋直径）或 2mm。

② 处理：对超过标准要求的全数返工重焊。

钢筋搭接过程中常出现钢筋搭接不规范的现象，如图 5-28 所示。

原因分析：现场工人对于钢筋绑扎搭接规范不了解，搭接不符合施工规范要求，钢筋搭接接头未错开，绑扎长度不够。

图 5-28 钢筋搭接不规范

解决方法：施工过程中应有专业的技术人员进行指导施工，施工时认真地进行技术交底。对于钢筋普通绑扎搭接，应该按照以下几点进行操作和控制。

(1) 同一构件中相邻纵向受力钢筋的绑扎搭接接头宜相互错开。绑扎搭接接头中钢筋的横向净距不应小于钢筋直径，且不应小于 25mm。钢筋绑扎搭接接头连接区段的长度为 1.3l_1（l_1 为搭接长度），凡搭接接头中点位于该连接区段长度内的搭接接头均属于同一连接区段。同一连接区段内，纵向钢筋搭接接头面积百分率为该区段内有搭接接头的纵向受力钢筋截面面积与全部纵向受力钢筋截面面积的比值。

当纵向受拉钢筋搭接接头面积百分率大于 25%，但不大于 50%时，其最小搭接接长度应按表 5-40 中的数值乘以系数 1.2 取用；当接头面积百分率大于 50%时，应按表 5-40 中的数值乘以 1.35 取用。

（2）同一连接区段内，纵向受拉钢筋搭接接头面积百分率应符合设计要求；当设计无具体要求时，应符合下列规定：

① 对梁类、板类及墙类构件，不宜大于 25%；

② 对柱类构件，不宜大于 50%；

③ 当工程中确有必要增大接头面积百分率时，对梁类构件，不应大于 50%；对其他构件，可根据实际情况放宽。

四、钢筋安装质量验收

1. 纵向钢筋绑扎

纵向钢筋绑扎施工操作如图 5-29 所示。

构件中的纵向受压钢筋当采用搭接连接时，其受压搭接长度不应小于纵向受拉钢筋搭接长度的70%，且不应小于200mm。

图 5-29 纵向钢筋绑扎

纵向受拉钢筋的最小搭接长度见表 5-40。

表 5-40 纵向受拉钢筋的最小搭接长度

钢筋类型		混凝土强度等级			
		C15	C20～C25	C30～C35	≥C40
光圆钢筋	HPB300 级	45d	35d	30d	25d
带肋钢筋	HRB335 级	55d	45d	35d	30d
	HRB400 级、RRB400 级	—	55d	40d	35d

注：d 为钢筋直径。

2. 梁端箍筋安装

梁端箍筋安装施工操作如图 5-30 所示。

梁端第一个箍筋应设置在距离柱节点边缘50mm处。梁端与柱交接处箍筋应加密，其间距与加密区长度均要符合设计要求。

图 5-30　梁端箍筋安装

梁端箍筋调整值见表 5-41。

表 5-41　箍筋调整值

箍筋量度方法	箍筋直径/mm			
	4～5	6	8	10～12
内皮尺寸	80	100	120	150～170
外皮尺寸	40	50	60	70

3. 钢筋网架安装

钢筋网架安装施工操作如图 5-31 所示。

在绑扎骨架中非焊接的搭接接头长度范围内，当搭接钢筋为受拉时，其箍筋的间距不应大于5d且不应大于100mm。当搭接钢筋为受压时，其箍筋间距不应大于10d，且不应大于200mm。

图 5-31　钢筋网架安装

钢筋网架安装位置的允许偏差和检验方法见表 5-42。

4. 植筋安装

植筋施工操作如图 5-32 所示。

表 5-42 钢筋网架安装位置的允许偏差和检验方法

项目			允许偏差/mm	检验方法
绑扎钢筋网	长、宽		±10	钢尺检查
	网眼尺寸		±20	钢尺量连接三挡,取最大值
绑扎钢筋骨架	长		±10	钢尺检查
	宽、高		±5	钢尺检查
受力钢筋	间距		±10	钢尺量两端、中间各一点,取最大值
	排距		±5	
	保护层厚度	基础	±10	钢尺检查
		柱、梁	±5	钢尺检查
		板、墙、壳	±3	钢尺检查
绑扎箍筋、横向钢筋间距			±20	钢尺量连续三挡,取最大值
钢筋弯起点位置			20	钢尺检查
预埋件	中心线位置		5	钢尺检查
	水平高差		+3,0	钢尺和塞尺检查

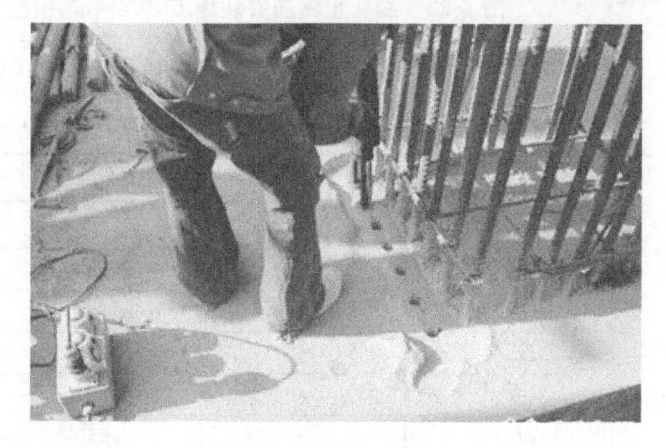

图 5-32 植筋安装施工

植筋安装施工质量验收的具体内容见表 5-43 和表 5-44。

表 5-43 植筋锚固技术参数

工况序号	工况名称/mm	钢筋直径/mm	钻孔直径/mm	锚固长度/mm	树脂状态
1	水平钢筋	14	25	350	固态
2	水平钢筋	15	25	400	固态
3	水平钢筋	18	30	450	固态
4	竖向钢筋	20	30	500	液态

表 5-44 胶黏剂凝固愈合时间

基础材料温度/℃	凝固时间/min	愈合时间/min	基础材料温度/℃	凝固时间/min	愈合时间/min
−5	25	360	20	5	45
0	18	180	30	4	25
5	13	90	40	2	15

5. 冷轧扭钢筋安装

冷轧扭钢筋安装施工如图 5-33 所示。

纵向受拉冷轧扭钢筋不宜在受拉区截断；当必须截断时，接头位置宜设在受力较小处，并相互错开。在规定的搭接长度区段内，有接头的受力钢筋截面面积不应大于总钢筋截面面积的25%。设置在受压区的接头不受此限。

图 5-33　冷轧扭钢筋安装施工

冷轧扭钢筋安装施工质量验收的具体内容见表 5-45 和表 5-46。

表 5-45　冷轧扭钢筋混凝土保护层最小厚度规定　　单位：mm

<table>
<tr><th colspan="2" rowspan="2">环境类别</th><th rowspan="2">构件类别</th><th colspan="3">混凝土强度等级</th></tr>
<tr><th>C20</th><th>C25～C45</th><th>≥C50</th></tr>
<tr><td colspan="2" rowspan="2">一</td><td>板、墙</td><td>20</td><td>15</td><td>15</td></tr>
<tr><td>梁</td><td>30</td><td>25</td><td>25</td></tr>
<tr><td rowspan="4">二</td><td rowspan="2">a</td><td>板、墙</td><td>—</td><td>20</td><td>20</td></tr>
<tr><td>梁</td><td>—</td><td>30</td><td>30</td></tr>
<tr><td rowspan="2">b</td><td>板、墙</td><td>—</td><td>25</td><td>20</td></tr>
<tr><td>梁</td><td>—</td><td>35</td><td>30</td></tr>
<tr><td colspan="2" rowspan="2">三</td><td>板、墙</td><td>—</td><td>30</td><td>25</td></tr>
<tr><td>梁</td><td>—</td><td>40</td><td>35</td></tr>
</table>

表 5-46　冷轧扭钢筋的检验

<table>
<tr><th>序号</th><th>检验项目</th><th>取样数据</th><th>备　注</th></tr>
<tr><td>1</td><td>外观重量</td><td>逐根</td><td rowspan="5"></td></tr>
<tr><td>2</td><td>截面控制尺寸</td><td>每批三根</td></tr>
<tr><td>3</td><td>节距</td><td>每批三根</td></tr>
<tr><td>4</td><td>定尺长度</td><td>每批三根</td></tr>
<tr><td>5</td><td>重量</td><td>每批三根</td></tr>
<tr><td>6</td><td>拉伸试验</td><td>每批二根</td><td rowspan="2">可采用前 5 项检验合格的相同试样</td></tr>
<tr><td>7</td><td>弯曲试验</td><td>每批一根</td></tr>
</table>

钢筋绑扎过程中常出现板筋绑扎中的拉筋不合格的现象，如图 5-34所示。

保证板筋有效高度的
拉筋未按照要求两端弯
成135°，且绑扎不到位。

图 5-34　板钢筋绑扎不合格

解决方法：针对此问题，应该将拉筋重新进行加工、绑扎，保证施工质量的规范。在整改的过程中应有专业的技术人员进行指导，使其整改后能够符合要求。

钢筋绑扎过程中常出现地梁主次梁钢筋绑扎安装位置错误的现象，如图 5-35所示。

原因分析：施工过程中没有很好地
进行技术交底、现场技术人员指导不到
位或钢筋绑扎工人对工艺不熟悉操作不
当，对于标准图集认识有误，从而导致
绑扎错误。

图 5-35　主次梁绑扎安装错误

解决方法：只能是拆掉后重新绑扎。最重要的一处错误是梁上部主筋在支座处接头。按图集要求，梁主筋可以在支座内锚固，不能接头。

底板主次梁的绑扎：地梁受力与楼板梁受力相反，是将地基承载力看成是反向作用在地梁上的受力模型，因此，对地梁主次梁交接处来说，应该将次梁钢筋放在主梁钢筋的下部，形成“扁担原理”。此外，地梁上部负筋不能在支座和弯矩最大处连接。

第三节　混凝土分项工程施工质量验收

一、混凝土原材料质量验收

1. 混凝土中各组成材料验收

施工现场的混凝土如图 5-36 所示。

图 5-36　施工现场的混凝土

混凝土组成材料质量验收的具体内容见表 5-47 和表 5-48。

表 5-47　混凝土组成材料质量验收

项目	合格质量标准	检验方法	检查数量
水泥进场检验	水泥进场时应对其品种、级别、包装或散装仓号、出厂日期等进行检查，并应对其强度、安定性及其他必要的性能指标进行复验，其质量必须符合现行国家标准《硅酸盐水泥、普通硅酸盐水泥》(GB 175)等的规定。 当在使用中对水泥质量有怀疑或水泥出厂超过三个月(快硬硅酸盐水泥超过一个月)时，应进行复验，并按复验结果使用。 钢筋混凝土结构、预应力混凝土结构中，严禁使用含氯化物的水泥	检查产品合格证、出厂检验报告和进场复验报告	按同一生产厂家、同一等级、同一品种，同一批号且连续进场的水泥，袋装不超过200t为一批，散装不超过500t为一批，每批抽样不少于一次
外加剂质量及应用	混凝土中掺用外加剂的质量及应用技术应符合现行国家标准《混凝土外加剂》(GB 8076)、《混凝土外加剂应用技术规范》(GB 50119)等和有关环境保护的规定。 预应力混凝土结构中，严禁使用含氯化物的外加剂。钢筋混凝土结构中，当使用含氯化物的外加剂时，混凝土中氯化物的总含量应符合现行国家标准《混凝土质量控制标准》(GB 50164)的规定	检查产品合格证，出厂检验报告和进场复验报告	按进场的批次和产品的抽样检验方案确定
混凝土中氯化物和碱的总含量控制	混凝土中氯化物和碱的总含量应符合现行国家标准《混凝土结构设计规范》(GB 50010)和设计的要求	检查原材料试验报告和氯化物、碱的总含量计算书	按产品抽样检验方案确定
矿物掺合料的质量及掺量	混凝土中掺用矿物掺合料的质量应符合现行国家标准《用于水泥和混凝土中的粉煤灰》(GB 1596)等的规定。矿物掺合料的用量应通过试验确定	检查出厂合格证和进场复验报告	按进场的批次和产品的抽样检验方案确定

续表

项目	合格质量标准	检验方法	检查数量
粗、细骨料的质量	普通混凝土所用的粗、细骨料的质量应符合国家现行标准《普通混凝土用碎石或卵石质量标准及检验方法》(JGJ 53)、《普通混凝土用砂质量标准及检验方法》(JGJ 52)规定 注:(1)混凝土用的粗骨料,其最大颗粒粒径不得超过构件截面最小尺寸的1/4,且不得超过钢筋最小净间距的3/4;(2)对混凝土实心板,骨料的最大粒径不宜超过板厚的1/3,且不得超过40mm	检查进场复验报告	按进场的批次和产品的抽样检验方案确定
拌制混凝土用水	拌制混凝土宜采用饮用水;当采用其他水源时,水质应符合国家现行标准《混凝土拌和用水标准》(JGJ 63)的规定	检查水质试验报告	同一水源检查不应少于一次

表 5-48 混凝土配合比质量验收

项目	合格质量标准	检验方法	检查数量
配合比设计	混凝土应按国家现行标准《普通混凝土配合比设计规程》(JGJ 55)的有关规定,根据混凝土强度等级、耐久性和工作性等要求进行配合比设计 对有特殊要求的混凝土,其配合比设计尚应符合国家现行有关标准的专门规定	检查配合比设计资料	全数检查
配合比开盘鉴定	首次使用的混凝土配合比应进行开盘鉴定,其工作性应满足设计配合比的要求。开始生产时应至少留置一组标准养护试件,作为验证配合比的依据	检查开盘鉴定资料和试件强度试验报告	按配合比设计要求确定
配合比调整	混凝土拌制前,应测定砂,石含水率并根据测试结果调整材料用量,提出施工配合比	检查含水率测试结果和施工配合比通知单	每工作班检查一次

2. 混凝土试件质量验收

混凝土试件如图 5-37 所示。

混凝土试件常用尺寸：150mm×150mm×150mm。

图 5-37 混凝土试件

混凝土试件质量验收的具体内容见表 5-49。

表 5-49 混凝土试件质量验收

项目	合格质量标准	检验方法	检查数量
混凝土强度等级、试件的取样和留置	结构混凝土的强度等级必须符合设计要求。用于检查结构构件混凝土强度的试件，应在混凝土的浇筑地点随机抽取。取样与试件留置应符合下列规定 (1)每拌制 100 盘且不超过 $100m^3$ 的同配合比的混凝土，取样不得少于一次 (2)每工作班拌制的同一配合比的混凝土不足 100 盘时，取样不得少于一次 (3)当一次连续浇筑超过 $1000m^3$ 时，同一配合比的混凝土每 $200m^3$ 取样不得少于一次 (4)每一楼层、同一配合比的混凝土，取样不得少于一次 (5)每次取样应至少留置一组标准养护试件，同条件养护试件的留置组数应根据实际需要确定	检查施工记录及试件强度试验报告	全数检查
混凝土抗渗试件取样和留置	对有抗渗要求的混凝土结构，其混凝土试件应在浇筑地点随机取样。同一工程、同一配合比的混凝土，取样不应少于一次，留置组数可根据实际需要确定	检查试件抗渗试验报告	

二、混凝土浇筑质量验收

混凝土浇筑施工操作如图 5-38 所示。

图 5-38 混凝土浇筑施工

混凝土浇筑施工质量验收的具体内容见表 5-50～表 5-52。

表 5-50　混凝土浇筑外观质量验收

项目	合格质量标准	检验方法	检查数量
外观质量	现浇结构的外观质量不应有严重缺陷 对已经出现的严重缺陷,应由施工单位提出技术处理方案,并经监理(建设)单位认可后进行处理。对经处理的部位,应重新检查验收	观察,检查技术处理方案	全数检查
过大尺寸偏差处理及验收	现浇结构不应有影响结构性能和使用功能的尺寸偏差。混凝土设备基础不应有影响结构性能和设备安装的尺寸偏差 对超过尺寸允许偏差且影响结构性能和安装、使用功能的部位,应由施工单位提出技术处理方案,并经监理(建设)单位认可后进行处理。对经处理的部位,应重新检查验收	量测,检查技术处理方案	
外观质量一般缺陷	现浇结构的外观质量不宜有一般缺陷 对已经出现的一般缺陷,应由施工单位按技术处理方案进行处理,并重新检查验收	观察,检查技术处理方案	
现浇结构和混凝土设备基础尺寸的允许偏差及检验方法	现浇结构和混凝土设备基础拆模后的尺寸偏差应符合表 5-51,表 5-52 的规定	见表 5-51 和表 5-52	

表 5-51　现浇结构混凝土尺寸检验

项目			允许偏差/mm	检验方法
轴线位置	基础		15	钢尺检查
	独立基础		10	
	墙、柱、梁		8	
	剪力墙		5	
垂直度	层高	≤5m	8	经纬仪或吊线、钢尺检查
		>5m	10	经纬仪或吊线、钢尺检查
	全高 H		$H/1000$ 且≤30	经纬仪、钢尺检查
标高	层高		±10	水准仪或拉线、钢尺检查
	全高		±30	
截面尺寸			+8,−5	钢尺检查
电梯井	井筒长、宽对定位中心线		+25,0	钢尺检查
	井筒全高 H 垂直度		$H/1000$ 且≤30	经纬仪、钢尺检查
表面平整度			8	2m 靠尺和塞尺检查
预埋设施中心线位置	预埋件		10	钢尺检查
	预埋螺栓		5	
	预埋管		5	
预留洞中心线位置			15	钢尺检查

表 5-52　混凝土设备基础浇筑尺寸检验

项目		允许偏差/mm	检验方法
坐标位置		20	钢尺检查
不同平面的标高		0,－20	水准仪或拉线、钢尺检查
平面外形尺寸		±20	钢尺检查
凸台上平面外形尺寸		0,－20	钢尺检查
凹穴尺寸		＋20,0	钢尺检查
平面水平度	每米	5	水平尺、塞尺检查
	全长	10	水准仪或拉线、钢尺检查
垂直度	每米	5	经纬仪或吊线、钢尺检查
	全高	10	
预埋地脚螺栓	标高(顶部)	＋20,0	水准仪或拉线、钢尺检查
	中心距	±2	钢尺检查
预埋地脚螺栓孔	中心线位置	10	钢尺检查
	深度	＋20,0	钢尺检查
	孔垂直度	10	吊线、钢尺检查
预埋活动地脚螺栓锚板	标高	＋20,0	水准仪或拉线、钢尺检查
	中心线位置	5	钢尺检查
	带槽锚板平整度	5	钢尺、塞尺检查
	带螺纹孔锚板平整度	2	钢尺、塞尺检查

混凝土浇筑过程中常出现混凝土夹渣的现象，如图 5-39 所示。

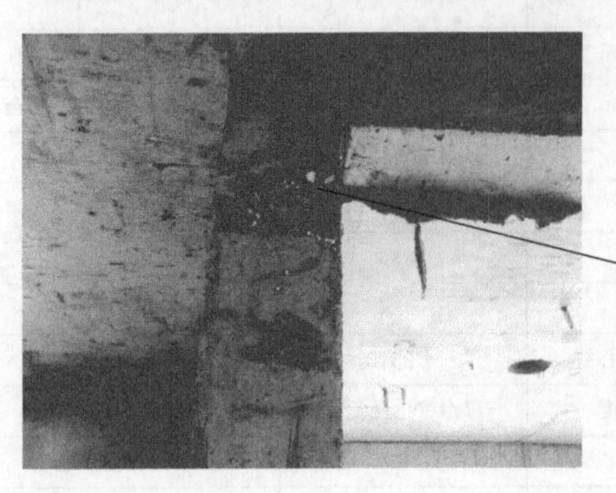

原因分析：主要清理不到位，质检人员不细心，影响结构质量。在实际施工中，墙、梁、柱与板接缝处经常出现有夹渣现象。原因是混凝土浇筑前没有认真处理和清理施工缝上表面存留的木渣、锯末、聚苯颗粒及其他等杂物；浇筑时振捣不够。

图 5-39　混凝土夹渣

解决方法：当表面夹渣缝隙较小时，可用清水冲洗干净，经质监认可后用混凝土原浆抹平。对夹渣较大且明显的部位要进行剔凿，将杂物等清除干净。与相关单位协商以后允许处理时，可采用提高一级强度等级的水泥砂浆或豆石混凝土进行修补，并认真养护。

浇筑前认真清理施工缝表面存留的木渣、锯末等一切杂物，用水冲洗干净，浇筑混凝土时先铺撒 10～15mm 厚等同混凝土强度同水泥品种的水泥砂浆，然后进行混凝土浇筑。对主要部位要进行二次振捣，提高接缝处的强度、密实度，再进行下一步混凝土浇筑。

混凝土浇筑过程中常出现漏砂和孔洞的现象，如图 5-40 所示。

原因分析：施工单位在浇筑楼板前用砂浆冲洗泵管，将砂浆全部喷放到楼面上，监理没有尽到其职责，允许施工单位利用水管将砂浆冲散，但拆模后发现水泥浆冲洗没了，只剩下沙子了。

图 5-40 混凝土浇筑不合格

解决方法：用砂浆清洗泵管、润滑等是施工常用手段，一般砂浆用量为 1～$2m^3$，冲洗泵管的砂浆应该打到结构以外的地方去。不过，在实际施工中，现在的商品混凝土坍落度很大，即使混在一起问题也不大，所以不应当要求施工方用水冲洗砂浆。

从图 5-40 所反映的情况来看，砂比较集中，如果经设计单位确认不影响结构安全，可以剔凿后用高一强度等级的细石混凝土填补，同时注意混凝土水泥批号要一致，否则混凝土表面颜色会有问题；如果影响到了结构安全，则必须考虑对梁底进行加固处理，对于住宅层，建议采用碳纤维适度加固梁底，而如果是地下室或其他楼层梁，可以粘钢加固。剪力墙衔接部位，只需适度拓宽凿出稀松混凝土后，浇筑高一强度的细石混凝土即可。

混凝土浇筑后常出现墙体开裂的现象，如图 5-41 所示。

解决方法：当裂缝较细，数量不多时，可将裂缝用水冲洗后，用水泥浆抹补；如裂缝开裂较大较深时，应沿裂缝凿去薄弱部分，并用水冲洗干净，用 1∶2.5水泥砂浆抹补，并且加强养护。此外，加压灌入不同稠度的改性环氧树脂溶液补缝，效果也较好。

混凝土浇筑后还经常出现柱脚烂根的现象，如图 5-42 所示。

解决方法：烂根现象较小时，可用清水冲洗干净，经质监人员认可后用其他部位使用的混凝土原浆抹平。对烂根较大的部位要将松动的石子和突出的颗粒进行剔凿，尽量剔成喇叭口，外边大一些，然后用清水冲洗干净，再用高一个强度等级的豆石混凝土或普通混凝土捣实并加强养护。

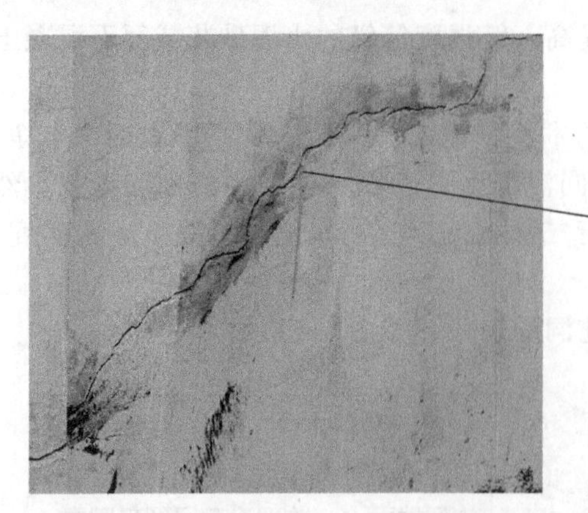

原因分析：混凝土在施工过程中由于温度、湿度变化，混凝土徐变的影响，地基不均匀沉降，拆模过早，早期受振动等因素都有可能引起混凝土产生裂缝。

图 5-41　墙体开裂

原因分析：(1) 混凝土自由倾落高度超过2m，致使混凝土离析，砂浆分离，石子成堆。
(2) 混凝土一次下料过多，没有分段分层浇筑，根部因振捣器振动作用有效半径不够。
(3) 下料与振捣配合不好，未及振捣又下料或振捣不够，产生漏振。
(4) 振捣混凝土时引发个别模板根部移位或模板距地面的缝隙没有堵严，导致跑浆。
(5) 混凝土配合比中的砂子颗粒过细或含砂率较低，导致混凝土拌和后含不住浆，砂石与水进行沉淀分离。

图 5-42　柱脚烂根

第六章 砌体工程施工质量验收

第一节 砖砌体施工质量验收

一、砖砌体砌筑质量验收

砖砌体砌筑施工如图 6-1 所示。

砖砌的灰缝应横平竖直，厚薄均匀，水平灰缝厚度及竖向灰缝宽度宜为10mm，但不应小于8mm，也不应大于12mm。

图 6-1 砖砌体砌筑施工

砖砌体砌筑施工质量验收的具体内容见表 6-1。

表 6-1 砖砌体砌筑质量验收

项目			允许偏差/mm	检验方法	抽检数量
轴线位移			10	用经纬仪和尺或用其他测量仪器检查	承重墙、柱全数检查
基础、墙、柱顶面标高			±15	用水准仪和尺检查	不应少于 5 处
墙面垂直度	每层		5	用 2m 托线板检查	不应少于 5 处
	全高	≤10m	10	用经纬仪、吊线和尺或用其他测量仪器检查	外墙全部阳角
		>10m	20		
表面平整度	清水墙、柱		5	用 2m 靠尺和楔形塞尺检查	不应少于 5 处
	混水墙、柱		8		

续表

项目		允许偏差/mm	检验方法	抽检数量
水平灰缝平直度	清水墙	7	拉5m线和尺检查	不应少于5处
	混水墙	10		
门窗洞口高、宽(后塞口)		±10	用尺检查	不应少于5处
外墙上下窗口偏移		20	以底层窗口为准,用经纬仪或吊线检查	不应少于5处
清水墙游丁走缝		20	以每层第一皮砖为准,用吊线和尺检查	不应少于5处

砖砌体施工常见质量问题及处理方法。

砖砌体施工过程中常出现砌筑顺序混乱、砂浆不饱满的现象，如图6-2所示。

原因分析：图中最下第一层的砖应砌成丁砖，第四皮砖跟第五皮跟上边应该错缝，现在形成通缝了。砂浆也不饱满。主要原因是施工人员对于砌筑工艺掌握不够，从而导致墙体砌筑不规范，质量不合格。

图6-2　砖砌体砌筑不合格

解决方法：在砌筑砖墙时，应做好以下工作。

(1) 组砌方法　砌体一般采用一顺一丁（满丁、满条)、梅花丁或三顺一丁砌法。砖柱不得采用先砌四周后填心的包心砌法。

(2) 排砖撂底（干摆砖）　一般外墙第一层砖撂底时，两山墙排丁砖，前后檐纵墙排条砖。根据弹好的门窗洞口位置线，认真核对墙、垛尺寸，其长度是否符合排砖模数，如不符合模数时，可将门窗口的位置左右移动。若有破活，七分头或丁砖应排在窗口中间、附墙垛或其他不明显的部位。移动门窗口位置时，应注意暖卫立管安装及门窗开启时不受影响。另外，在排砖时还要考虑在门窗口上边的砖墙合拢时也不出现破活。所以排砖时必须做全盘考虑，前后檐墙排第一皮砖时，要考虑甩窗口后砌条砖，窗角上必须是七分头才是好活。

同时，在砌筑砖墙时，砂浆品种及强度应符合设计要求。同品种、同强度等级砂浆各组试块抗压强度平均值不小于设计强度值，任一组试块的强度最低值不小于设计强度的75%；砌体砂浆必须密实饱满，实心砖砌体水平灰缝的砂浆饱满度不小于80%。

二、砌筑砂浆质量验收

砌筑施工中所用的砌筑砂浆如图6-3所示。

经验指导： 水泥砂浆宜用于砌筑潮湿环境以及强度要求较高的砌体；水泥石灰砂浆宜用于砌筑干燥环境中的砌体；多层房屋的墙一般采用强度等级为M5的水泥石灰砂浆；砖柱、砖拱、钢筋砖过梁等一般采用强度等级为M5～M10的水泥砂浆。

图6-3 砌筑用砂浆

砌筑砂浆质量验收的具体内容见表6-2和表6-3。

表6-2 配合比砂浆参考值

砂浆强度/MPa	水泥/(kg/m³)	灰砂比
5.0	250	1∶8.0
7.5	290	1∶7.0
10	320	1∶6.0
15	390	1∶5.0

表6-3 砌筑砂浆的稠度

砌体种类	砂浆稠度/mm
烧结普通砖砌体 蒸压粉煤灰砖砌体	70～90
混凝土实心砖、混凝土多孔砖砌体 普通混凝土小型空心砌块砌体 蒸压灰砂砖砌体	50～70
烧结多孔砖、空心砖砌体 轻骨料小型空心砌块砌体 蒸压加气混凝土砌块砌体	60～80
石砌体	30～50

注：1. 采用薄灰砌筑法砌筑蒸压加气混凝土砌块砌体时，加气混凝土黏结砂浆的加水量按照其产品说明书控制。

2. 当砌筑其他块体时，其砌筑砂浆的稠度可根据块体吸水特性及气候条件确定。

砌筑砂浆配置时常出现砂浆强度不稳定的现象。其解决方法如下。(1) 砂浆配合比的确定，应结合现场材质情况进行试配，试配时应采用重量比。在满足砂浆和易性的条件下，控制砂浆强度。

(2) 建立施工计量器具校验、维修、保管制度，以保证计量的准确性。

(3) 施工中，不得随意增加石灰膏、微末剂的掺量来改善砂浆的和易性。

第二节 填充墙砌体工程施工质量验收

一、填充墙砌筑质量验收

填充墙砌筑施工如图 6-4 所示。

经验指导： 对有可能影响安全的砌体裂缝，应由有资质的检测单位检测鉴定，需返修或加固处理的，待返修或加固满足使用要求后进行二次验收；对不影响结构安全性的砌体裂缝，应予以验收，对明显影响使用功能和观感质量的裂缝，应进行处理。

图 6-4 填充墙砌筑施工

填充墙砌筑施工质量验收的具体内容见表 6-4。

表 6-4 填充墙砌筑施工验收

项 目		允许偏差/mm	检验方法
轴线位移		10	用尺检查
垂直度(每层)	小于或等于 3m	5	用 2m 托线板或吊线、尺检查
	大于 3m	10	
表面平整度		8	用 2m 靠尺和楔形尺检查
门窗洞口高、宽(后塞口)		±10	用尺检查
外墙上、下窗口偏移		20	用经纬仪或吊线检查

填充墙砌筑时常出现顶砖填充不合格的现象，如图 6-5 所示。

解决方法：隔墙顶应用立砖斜砌挤紧，框架结构填充轻集料混凝土空心砌块，墙身应向一边倾斜；

砌筑时工人与现场技术人员责任心不到位，未严格按照砖墙填充规范施工。

图 6-5　顶砖砌筑不合格

（1）如果是框架结构填充轻集料混凝土空心砌块（盲孔）就是45°斜砌筑；

（2）如果是框架结构填充轻集料混凝土空心砌块（通孔）就是60°斜砌筑。

在实际施工过程中，对于砌块倾斜的角度一般要求不严，在45°～60°都可以，但斜砌筑只适用于砌体填充墙长小于5m时的顶部；如果墙长超过5m，顶部就要与板或梁用胀锚螺栓连接了。

二、填充墙砌体砂浆质量验收

填充墙砌体砂浆的拌制如图6-6所示。

砂浆拌合物的和易性应满足施工要求，且新拌砂浆体积密度：水泥砂浆不应小于1900kg/m³；混合砂浆不应小于1800kg/m³。砌筑砂浆的配合比一般查施工手册或根据经验而定。

图 6-6　填充墙砌体砂浆拌制

填充墙砌体砂浆质量验收的具体内容见表6-5。

表 6-5　填充墙砌体砂浆质量验收

砌体分类	灰缝	饱满度及要求	检验方法
空心砖砌体	水平	≥80%	采用百格网检查块体底面或侧面砂浆的黏结痕迹面积
	垂直	填满砂浆，不得有透明缝，瞎缝、假缝	

续表

砌体分类	灰缝	饱满度及要求	检验方法
蒸压加气混凝土砌块和轻骨料混凝土小型空心砌块砌体	水平	≥80%	采用百格网检查块体底面或侧面砂浆的黏结痕迹面积
	垂直	≥80%	

第三节　混凝土小型空心砌块砌体施工质量验收

混凝土小型空心砌块砌筑如图 6-7 所示。

小型空心砌块排列应从基础面开始，排列时尽可能采用主规格的砌块（390mm×190mm×190mm），砌体中主规格砌块应占总量的75%～80%。

图 6-7　混凝土小型空心砌块砌筑施工

混凝土小型空心砌块砌筑施工质量验收的具体内容见表 6-6。

表 6-6　混凝土小型空心砌块砌筑质量验收

名称	检验方法	质量合格标准
砂浆强度等级检验	检查小砌块和芯柱混凝土、砌筑砂浆试块试验报告	小砌块和芯柱混凝土、砌筑砂浆的强度等级必须符合设计要求
灰缝砂浆饱满度检验	用专用百格网检测小砌块与砂浆黏结痕迹，每处检测 3 块小砌块，取其平均值	砌体水平灰缝和竖向灰缝的砂浆饱满度，按净面积计算不得低于 90%
墙体转角处检验	墙体转角处和纵横交接处应同时砌筑。临时间断处应砌成斜槎，斜槎水平投影长度不应小于斜槎高度。施工洞口可预留直槎，但在洞口砌筑和补砌时，应在直槎上下搭砌的小砌块孔洞内用强度等级不低于 C20（或 Cb20）的混凝土灌实	观察检查
芯柱混凝土检验	观察检查	小砌块砌体的芯柱在楼盖处应贯通，不得削弱芯柱截面尺寸；芯柱混凝土不得漏灌

混凝土小型空心砌块砌筑工程中常出现灰、起砂现象，如图 6-8 所示。

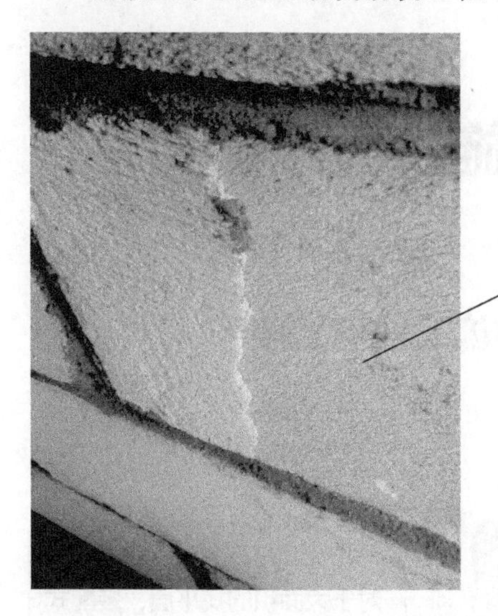

原因分析：原材料控制不严格，影响后续的墙面抹灰及内部装饰施工。通常，混凝土结构建筑物的地面或墙面在施工完成和应用一段时间后，有些工程会出现起灰、起砂现象，这是混凝土常见的工程弊病。

引起该现象的原因有两种，一是混凝土在正常使用条件下的磨损破坏；二是混凝土本身的原因。

图 6-8 砌体起砂

解决方法：(1) 在水泥基材料未成型之前采取预防措施，包括加强对水泥基材料原材料的控制、物料的配合比设计、施工作业规范化管理，以及加强过程控制，加强混凝土养护，避免环境对质量的影响等。这些方法均为预防性措施，即便如此，水泥基材料的起灰、起砂现象仍时有发生。

(2) 对已经出现起灰、起砂的混凝土进行处理和治理，以物理方法为主进行补救。

① 在不影响道路和建筑物的标高下，加铺一层水泥基材料，如自流平水泥、细石混凝土等。问题严重的可能需要除去原有的混凝土，重新浇筑混凝土。

② 采用薄层材料进行弥补。例如施工一层 2～3mm 的自流平水泥，采用聚合物改性的腻子刮施、环氧等树脂材料修补。由于病态混凝土的黏结强度很低，两种材料的结合界面很容易分离，造成起皮等新问题。

第七章 屋面工程施工质量验收

第一节 屋面找平层施工质量验收

一、屋面找平层分隔缝留置

屋面找平层分隔缝施工操作如图 7-1 所示。

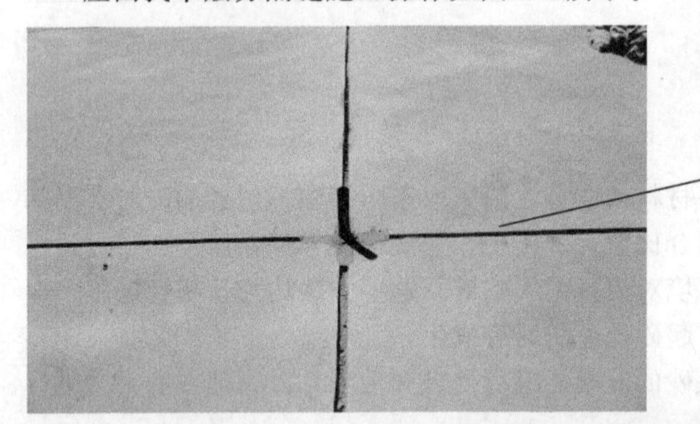

屋面找平层宜留置分隔缝，对于大面积的找平层、装配式钢筋混凝土板和加气混凝土板材轻型屋面的找平层宜留置分隔缝，缝宽宜为20mm，待基层充分干燥后，缝槽内嵌填密封材料。

图 7-1 屋面找平层分隔缝留置

砂浆铺缝应按由远到近、由高到低的程序进行，最好在分隔缝内一次连续铺成，严格掌握坡度；待砂浆稍收水后，用抹子压实抹平；终凝前，轻轻取出嵌缝条。

图 7-2 水泥砂浆找平层施工

屋面找平层施工操作质量验收的内容如下。

分隔缝的宽度一般为 20mm；水泥砂浆或稀释混凝土找平层纵横分隔缝的最

大间距不超过 6m，分隔缝内应填嵌沥青砂等弹性密封材料；基层应坡度正确、平整光洁，平整度偏差不大于 5mm，无空鼓裂缝；防水找平层、防水保护层、面层的分隔缝位置上下相对应，面层分隔缝预留位置应满足验收规范要求。

二、水泥砂浆找平层施工

水泥砂浆找平层施工操作如图 7-2 所示。

水泥砂浆找平层施工质量验收的主要内容见表 7-1。

表 7-1 水泥砂浆找平层施工验收

名称	主要内容
基层处理	①在铺设找平层前，应将基层表面处理干净，当找平层下有松散填充层时，应铺平振实 ②用水泥砂浆铺设找平层，其下一层为水泥混凝土垫层时，应予湿润；当表面光滑时，尚应划毛或凿毛
找标高、弹线	根据墙上的＋50cm 水平线，往下量测出面层标高，并弹在墙上
铺设找平层	涂刷水泥浆之后跟着铺水泥砂浆，在灰饼之间将砂浆铺均匀，然后用木刮杠按灰饼高度刮平。铺砂浆时如果灰饼已硬化，木刮杠刮平后，同时将利用过的灰饼敲掉，并用砂浆填平

第二节 屋面保温层施工质量验收

一、保温的基层处理

保温基层处理操作施工如图 7-3 所示。

基层表面应坚实且具有一定的强度，清洁干净，表面无浮土、砂粒等杂物，残留的砂浆块或突起物应以铲刀铲平；伸出屋面的管道及连接件应安装牢固、接缝严密，若有铁锈、油污应用钢丝刷、砂纸、溶剂等清理干净。

图 7-3 保温层基层处理

保温层基层处理操作验收要点：找平层应以水泥砂浆抹平压光，基层与突出屋面的结构（如女儿墙、天窗、变形缝、烟囱、管道、旗杆等）相连的阳角；基层与檐口、天沟、排水口、沟脊的边缘相连的转角处应抹成光滑的圆弧形，其半径一般为 50mm。

二、板状保温层铺设

板状保温层铺设操作如图 7-4 所示。

在已铺好的保温层上不得施工，应采取必要措施，保证保温层不受损坏，保温层施工完成后，应及时铺抹水泥砂浆找平层，以保证保温效果。

图 7-4　板状保温层铺设

板状保温层铺设质量验收的内容见表 7-2。

表 7-2　板状保温层铺设质量验收

名　称	主要内容
基层清理	现浇混凝土结构层表面，应将杂物、灰尘等清理干净
弹线找坡	按设计坡度及流水方向，找出屋面坡度走向，确定保温层的厚度范围
管根固定	穿结构的管根在保温层施工前，应用细石混凝土塞堵密实
隔气层施工	基层清理、弹线找坡、管根固定工序完成后，设计有隔气层要求的屋面，应按设计做隔气层，涂刷均匀无漏刷
保温层铺设	①干铺板块状保温层：直接铺设在结构层或隔气层上，分层铺设时上下两块板块应错开，表面两块相邻的板边厚度应一致。一般在块状保温层上用松散料湿做找坡。 ②黏结铺设板块状保温层：板块状保温材料用黏结材料平粘在屋面基层上，一般聚苯板材料应用沥青胶结料粘贴

板状保温层铺设常见质量问题及解决方法如下。

（1）保温层不良　保温材料热导率、粒径级配、含水量、铺实密度等原因；施工选用的材料应达到技术标准，控制材料密度、保证保温的功能效果。

（2）铺设厚度不均匀　铺设时不认真操作。应拉线找坡，铺顺平整，操作中应避免材料在屋面上堆积二次倒运。保证均质铺设。

（3）保温层边角处质量问题　边线不直，边槎不整齐，影响找坡、找平和排水。

（4）保温材料铺贴不实　影响保温、防水效果，造成找平层裂缝。应严格达到规范和验评标准的质量标准，严格验收管理。

第八章 钢结构工程施工质量验收

第一节 原材料进场质量验收

一、钢材质量验收

1. 碳素结构钢

钢结构工程中所用的碳素结构钢如图 8-1 所示。

碳素结构钢是最普通的工程用钢，建筑钢结构中主要使用低碳钢（其含碳量在0.28%以下）。按国家标准《碳素结构钢》(GB 700—2006)，碳素结构钢分为5个牌号，即Q195、Q215、Q235、Q255、Q275。其中Q235钢常为一般焊接结构优先选用。

图 8-1　碳素结构钢

2. 低合金高强度结构钢

钢结构工程中所用的低合金高强度结构钢如图 8-2 所示。

低合金高强度结构钢的强度比碳素结构钢明显提高，从而使钢结构构件的承载力、刚度、稳定三个主要控制指标都能有充分发挥，尤其在大跨度或重负载结构中优点更为突出。在工程中，使用低合金高强度结构钢可比使用碳素结构钢节约 20％的用钢量。

3. 优质碳素结构钢

钢结构工程中所用的优质碳素结构钢如图 8-3 所示。

4. 钢板

钢结构工程中所用的钢板如图 8-4 所示。

按国家标准《低合金结构钢》（GB/T 1591—2008），钢分为5个牌号，即Q295、Q345、Q390、Q420、Q460。其中Q345最为常用，Q460一般不用于建筑钢结构工程。

图 8-2　低合金高强度结构钢

优质**碳素结构钢**的硫磷含量低于0.035%，主要用来制造较为重要的机件。在工程中一般用于生产预应力混凝土用钢丝、钢绞线、锚具，以及高强度螺栓、重要结构的钢铸件等。

图 8-3　优质碳素结构钢

钢板是平板状，矩形的，可直接轧制或由宽钢带剪切而成；钢板按轧制分热轧和冷轧。厚钢板的钢种大体上和薄钢板相同。在品种方面，除了桥梁钢板、锅炉钢板、汽车制造钢板、压力容器钢板和多层高压容器钢板等品种纯属厚板外，有些品种的钢板如汽车大梁钢板（厚2.5～10mm）、花纹钢板（厚2.5～8mm）、不锈钢板、耐热钢板等品种是同薄板交叉的。

图 8-4　钢板

5. 进场钢材质量验收

进场钢材质量验收的主要内容见表 8-1。

表 8-1 进场钢材质量验收主要内容

名称	检查数量	检验方法	质量合格标准
钢材品种、规格检查	全数检查	检查质量合格证明文件、中文标志及检验报告等	钢材、钢铸件的品种、规格、性能等应符合现行国家产品标准和设计要求。进口钢材产品的质量应符合设计和合同规定标准的要求
进口、混批钢材检查	全数检查	检查复验报告	应进行抽样复验，其复验结果应符合现行国家产品标准和设计要求
钢板厚度检查	每一品种、规格的钢板抽查 5 处	用游标卡尺量测	钢板厚度及允许偏差应符合其产品标准的要求
型钢的规格尺寸检查	每一品种、规格的型钢抽查 5 处	用钢尺和游标卡尺量测	型钢的规格尺寸及允许偏差应符合其产品标准的要求
钢材外观质量检查	全数检查	观察检查	钢材的表面外观质量除应符合国家现有标准的规定外，尚应符合下列规定 ①当钢材的表面有锈蚀、麻点或划痕等缺陷时，其深度不得大于该钢材厚度负允许偏差值的 1/2 ②钢材端边或断口处不应有分层、夹渣等缺陷

二、焊接材料质量验收

1. 焊条

焊接过程中使用的焊条如图 8-5 所示。

焊条型号编制方法如下：字母“E”表示焊条；前两位数字表示熔敷金属抗拉强度的最小值；第三位数字表示焊条的焊接位置。“0”及“1”表示焊条适用于全位置焊接（平、立、仰、横），“2”表示焊条适用于平焊及平角焊，“4”表示焊条适用于向下立焊；第三位和第四位数字组合时表示焊接电流种类及药皮类型。在第四位数字后附加“R”表示耐吸潮焊条；附加“M”表示耐吸潮和力学性能有特殊规定的焊条。

图 8-5 焊条

2. 埋弧焊用焊丝和焊剂

埋弧焊施工过程中所用的焊丝和焊剂如图 8-6 和图 8-7 所示。

图 8-6 埋弧焊专用焊丝

图 8-7 埋弧焊焊剂

3. 气体保护焊常用焊丝

气体保护焊施工过程中的常用焊丝如图 8-8 所示。

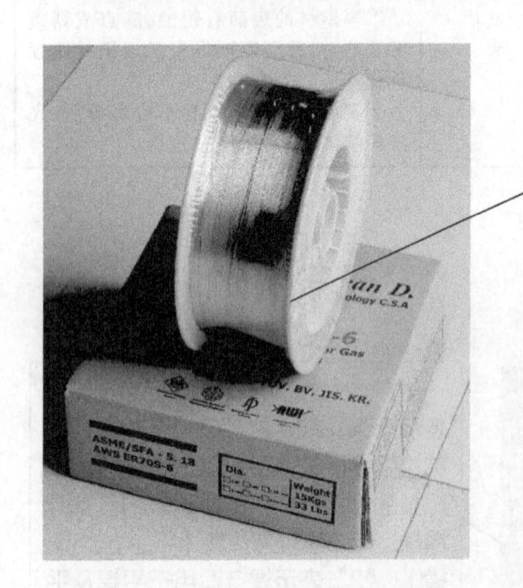

焊丝型号的表示方法为ER××-×，字母ER表示焊丝，ER后面的两位数字表示熔敷金属的最低抗拉强度，短划“-”后面的字母或数字表示焊丝化学成分分类代号。如还附加其他化学成分时，直接用元素符号表示，并以短划“-”与前面数字分开。

图 8-8 气体保护焊焊丝

4. 焊接材料验收

焊接材料验收的主要内容见表 8-2。

表 8-2 焊接材料验收主要内容

名称	检查数量	检验方法	质量合格标准
焊接材料品种、规格检查	全数检查	检查焊接材料的质量合格证明文件、中文标志及检验报告等	焊接材料的品种、规格、性能等应符合现行国家产品标准和设计要求

续表

名称	检查数量	检验方法	质量合格标准
抽样复验	全数检查	检查复验报告	重要钢结构采用的焊接材料应进行抽样复验，复验结果应符合现行国家产品标准和设计要求
焊条外观质量检验	按量抽查1%，且不应少于10包	观察检查	焊条外观不应有药皮脱落、焊芯生锈等缺陷，焊剂不应受潮结块

三、紧固连接构件质量验收

1. 普通螺栓

常用的普通螺栓如图8-9所示。

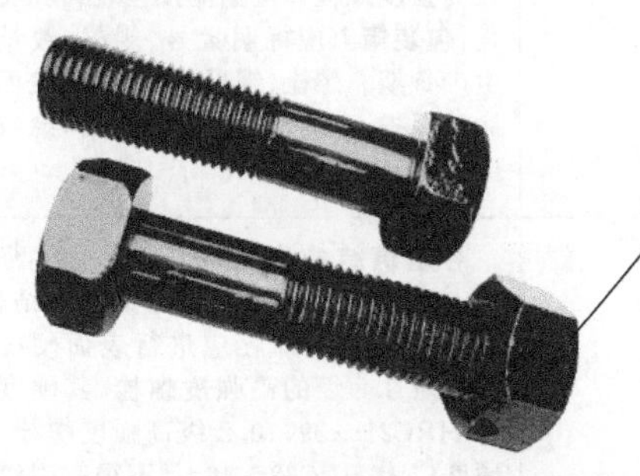

按照性能等级划分，螺栓可分为3.6、4.6、4.8、5.6、5.8、6.8、8.8、9.8、10.9、12.9十个等级，其中8.8级及以上螺栓材质为低碳合金钢或中碳钢并经热处理，通称为高强度螺栓，8.8级以下通称普通螺栓。

图8-9　普通螺栓

2. 大六角头高强度螺栓

常用的大六角头高强度螺栓如图8-10所示。

3. 扭剪型高强度螺栓

常用的扭剪型高强度螺栓如图8-11所示。

图8-10　大六角头高强度螺栓

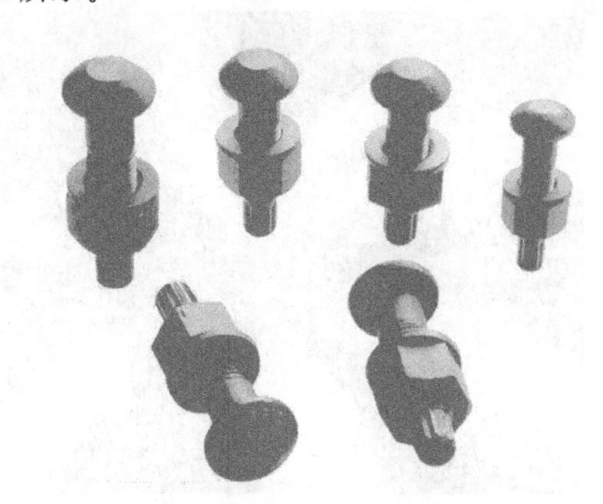

图8-11　扭剪型高强度螺栓

4. 紧固连接构件验收

紧固连接构件验收的主要内容见表8-3。

表 8-3　紧固连接构件验收的主要内容

名称	检查数量	检验方法	质量合格标准
紧固连接构件品种、规格检查	全数检查	检查产品的质量合格证明文件、中文标志及检验报告等	连接副、钢网架用高强度螺栓、普通螺栓、铆钉、自攻钉、拉铆钉、射钉、锚栓(机械型和化学试剂型)、地脚锚栓等紧固标准件及螺母、垫圈等标准配件，其品种、规格、性能等应符合现行国家产品标准和设计要求。高强度大六角头螺栓连接副和扭剪型高强度螺栓连接副出厂时，应分别随箱带有扭矩系数和紧固轴力(预拉力)的检验报告
标牌及外观检查	按包装箱数抽查5%，且不应少于3箱	观察检查	高强度螺栓连接副应按包装箱配套供货，包装箱上应标明批号、规格、数量及生产日期。螺栓、螺母、垫圈外观表面应涂油保护，不应出现生锈和沾污，螺纹不应损伤
表面硬度试验	按规格抽查8只	硬度计、10倍放大镜或磁粉探伤	对建筑结构安全等级为一级、跨度40m及以上的螺栓球节点钢网架结构，其连接高强度螺栓应进行表面硬度试验。对8.8级的高强度螺栓，其硬度应为HRC21～29，10.9级高强度螺栓，其硬度应为HRC32～36，且不得有裂纹或损伤

四、螺栓球质量验收

钢结构工程施工中的常用螺栓球如图 8-12 所示。

螺栓球节点杆件端面与封板或与锥头相连。杆件与封板组装要求：必须有定位胎具，保证组装杆件长度一致。杆件与锥头定位点焊后，检查坡口尺寸，杆件与锥头应双边各开30°坡口，并有2～5mm间隙，封板焊接应在旋转焊接支架上进行，焊缝应焊透、饱满、均匀一致，不咬肉。

图 8-12　螺栓球

螺栓球质量验收的主要内容见表 8-4 和表 8-5。

表 8-4 螺栓球加工允许偏差

项 目		允许偏差	检验方法
圆度/mm	$d \leqslant 120$	1.5	用卡尺和游标卡尺检查
	$d > 120$	2.5	
同一轴线上的两铣平面平行度/mm	$d \leqslant 120$	0.2	用百分表 V 形块检查
	$d > 120$	0.3	
铣平面距球中心距离/mm		±0.2	用游标卡尺检查
相邻两螺栓孔中心线夹角		±30′	用分度头检查
两铣平面与螺栓孔轴线垂直度		$0.005r$	用百分表检查
球毛坯直径/mm	$d \leqslant 120$	+2.0 −1.0	用卡尺和游标卡尺检查
	$d > 120$	+3.0 −1.5	

注：d 代表直径；r 代表曲率半径。

表 8-5 螺栓球质量验收内容

名称	检查数量	检验方法	质量合格标准
螺栓球品种、规格检查	全数检查	检查产品的质量合格证明文件、中文标志及检验报等	螺栓球及制造螺栓球节点所采用的原材料，其品种、性能等应符合现行国家产品标志和设计要求
螺栓球外观质量检验	每种规格抽查5%，且不应少于5只	用10倍放大镜观察和表面探伤	螺栓球不得有过烧、裂纹及褶皱

五、压型金属板质量验收

钢结构施工中所用的压型金属板如图 8-13 所示。

图 8-13 压型金属板

压型金属板质量验收的主要内容见表 8-6 和表 8-7。

表 8-6 压型金属板的尺寸允许偏差 单位：mm

项目			允许偏差
波距			±2.0
波高	压型钢板	截面高度≤70	±1.5
		截面高度>70	2.0
侧向弯曲	在测量长度 L_1 的范围内		20.0

注：L_1 为测量长度，指板长扣除两端各 0.5m 后的实际长度（小于 10m）或扣除后任选的 10m 长度。

表 8-7 压型金属板施工现场制作的允许偏差 单位：mm

项目		允许偏差
压型金属板的覆盖宽度	截面高度≤70	+10.0，-2.0
	截面高度>70	+6.0，-2.0
板长		±9.0
横向剪切偏差		6.0
泛水板、包角板尺寸	板长	±6.0
	折弯面宽度	±3.0
	折弯面夹角	2°

第二节 钢构件加工质量验收

一、钢零件及钢部件质量验收

1. 切割

钢零件切割施工操作如图 8-14 所示。

图 8-14 机械切割

切割操作质量验收的主要内容见表 8-8 和表 8-9。

表 8-8　气割的允许偏差　　单位：mm

项　目	允许偏差
零件宽度、长度	±3.0
切割面平面度	0.05t，且不应大于 2.0
割纹深度	0.3
局部缺口深度	1.0

注：t 为切割面厚度，单位为 mm。

表 8-9　机械切割允许偏差　　单位：mm

项　目	允许偏差
零件宽度、长度	±3.0
边缘缺棱	1.0
型钢端部垂直度	2.0

2. 矫正和弯曲

型钢矫正施工操作和钢构件弯曲分别如图 8-15 和图 8-16 所示。

图 8-15　型钢矫正操作

图 8-16　钢构件弯曲

矫正和弯曲操作质量验收的主要内容见表 8-10。

表 8-10　矫正和弯曲操作质量验收的主要内容

名称	检查数量	检验方法	质量合格标准
钢材加热矫正	全数检查	检查制作工艺报告和施工记录	①碳素结构钢在环境温度低于－16℃、低合金结构钢在环境温度低于－12℃时，不应进行冷矫正和冷弯曲。碳素结构钢和低合金结构钢在加热矫正时，加热温度不应超过 900℃。低合金结构钢在加热矫正后应自然冷却 ②当零件采用热加工成型时，加热温度应控制在 900～1000℃；碳素结构钢和低合金结构钢在温度分别下降到 700℃和 800℃之前时，应结束加工；低合金结构钢应自然冷却

续表

名称	检查数量	检验方法	质量合格标准
钢材外观质量检查	全数检查	观察检查和实测检查	矫正后的钢材表面，不应有明显的凹面或损伤，划痕深度不得大于0.5mm，且不应大于该钢材厚度负允许偏差1/2

3. 制孔

钢构件制孔施工操作如图8-17所示。

图8-17 钢构件制孔

钢构件制孔施工操作质量验收的主要内容见表8-11～表8-13。

表8-11 A、B级螺栓孔径的允许偏差 单位：mm

螺栓公称直径、螺栓孔直径	螺栓公称直径允许偏差	螺栓孔直径允许偏差
10～18	0.00～0.18	+0.18，0.00
18～30	0.00～0.21	+0.21，0.00
30～50	0.00～0.25	+0.25，0.00

表8-12 C级螺栓孔的允许偏差 单位：mm

项目	允许偏差
直径	+1.0 0.0
圆度	2.0
垂直度	0.3t，且不应大于2.0

注：t代表板的厚度。

表 8-13 螺栓孔孔径的允许偏差 单位：mm

螺栓孔孔距范围	≤500	501～1200	1201～3000	>3000
同一组内任意两孔间距离	±1.0	±1.5	—	—
相邻两组的端孔间距离	±1.5	±2.0	±2.5	±3.0

注：1. 在节点中连接板与一根杆件相连的所有螺栓孔为一组。

2. 对接接头在拼接板一侧的螺栓孔为一组。

3. 在两相邻节点或接头间的螺栓孔为一组，但不包括上述两款所规定的螺栓孔。

4. 受弯构件翼缘上的连接螺栓孔，每米长度范围内的螺栓孔为一组。

钢构件加工常见质量问题及处理方法的具体内容见表 8-14。

表 8-14 钢构件加工质量问题及处理方法

质量问题	处理方法
边条挂渣	提高操作技术，选择正确的气体使用压力；铲去割渣、打磨去渣
割缝不直	重新进行修整，细心操作打磨
接缝弧坑	重新补焊、修磨

二、钢构件组装连接质量验收

1. 焊接 H 形钢

焊接 H 形钢施工操作如图 8-18 所示。

腹板定位采用定位点焊，应根据H形钢具体规格确定点焊焊缝的间距及长度；一般点焊焊缝间距为300～500mm；焊缝长度为20～30mm，腹板与翼缘板应顶紧，局部间隙不应大于1mm。

图 8-18 焊接 H 形钢

焊接 H 形钢施工操作质量验收的具体内容见表 8-15。

表 8-15 焊接 H 形钢的允许偏差 单位：mm

项目		允许偏差	图例
截面高度 h	$h<500$	±2.0	h b
	$500<h<1000$	±3.0	
	$h>1000$	±4.0	
截面宽度 b		±3.0	

续表

项目		允许偏差	图例
腹板中心偏移 e		2.0	
翼缘板垂直度 Δ		$b/100$，且不应大于 3.0	
弯曲矢高（受压构件除外）		$l/1000$，且不应大于 10.0	
扭曲		$h/250$，且不应大于 5.0	
腹板局部平面度 f	$t<14$	3.0	

注：l 代表起拱构件的长度；t 代表翼缘厚度。

2. 实腹梁组装

实腹梁组装施工操作如图 8-19 所示。

图 8-19　实腹梁组装施工

实腹梁组装施工质量验收的具体内容见表 8-16。

表 8-16 焊接连接制作组装的允许偏差 单位：mm

项目		允许偏差	图例
对口错边 Δ		$t/10$，且不应大于 3.0	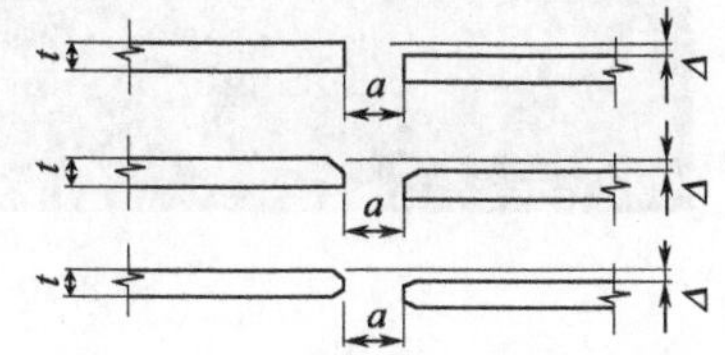
间隙 a		±1.0	
搭接长度 a		±5.0	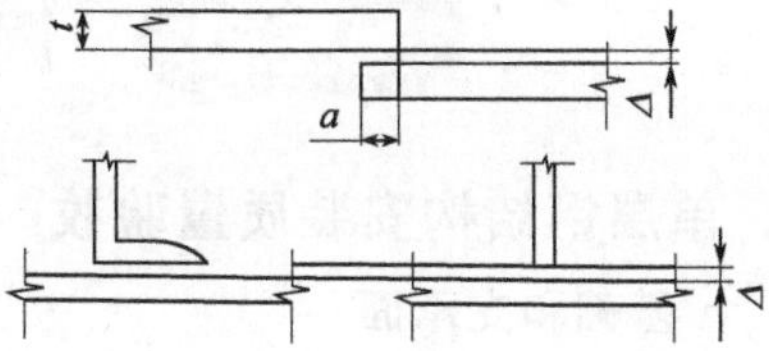
缝隙 Δ		1.5	
高度 h		±2.0	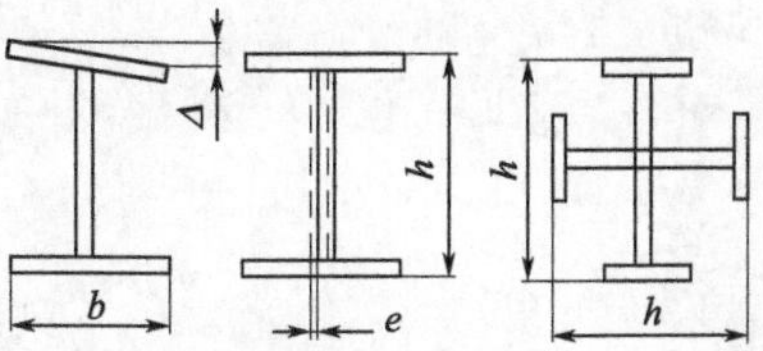
垂直度 Δ		$b/100$，且不应大于 3.0	
中心偏移 e		±2.0	
型钢错位	连接处	1.0	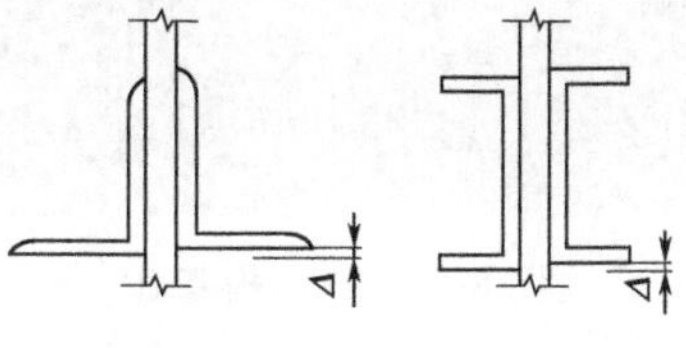
	其他处	2.0	
箱形截面高度 h		±2.0	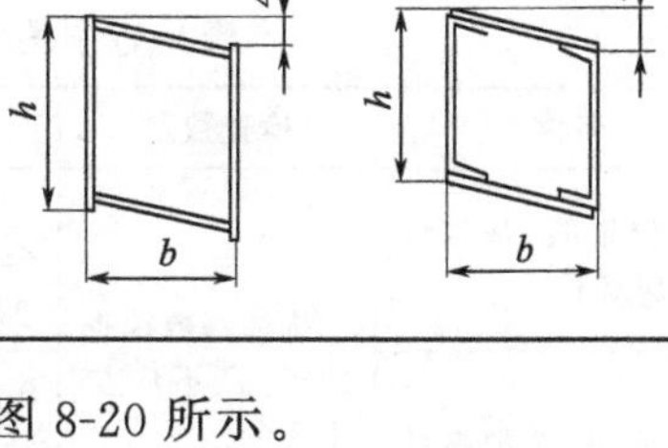
宽度 b		±2.0	
垂直度 Δ		$b/200$，且不应大于 3.0	

钢构件组装时常出现接缝不平的现象，如图 8-20 所示。

解决方法：尽量采用对称坡口；注意焊接顺序，大小坡口交替焊；重新补焊、对焊缝修磨磨平。

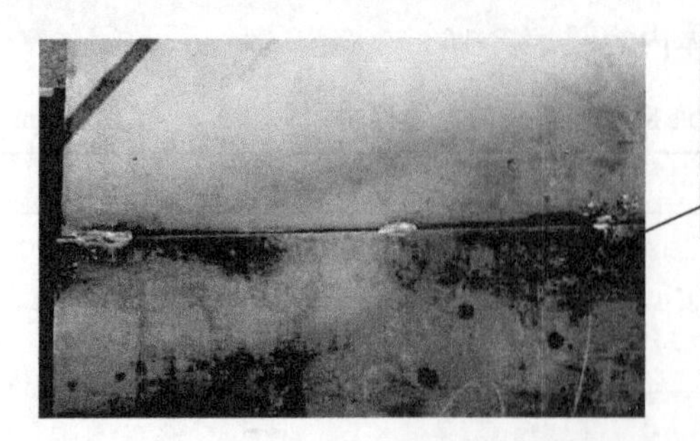

产生原因：坡口焊对称性差，焊接变形；焊缝未填满或太高；未采取减少焊接变形的措施。

图 8-20 钢构件接缝不平整

第三节 钢结构安装质量验收

一、单层钢结构安装质量验收

1. 基础和支承面

基础和支承面施工操作如图 8-21 和图 8-22 所示。

图 8-21 钢结构基础

图 8-22 钢结构支承面

基础和支承面施工操作质量验收的内容见表 8-17～表 8-21。

表 8-17 基础和支承面质量验收的内容

名称	检查数量	检验方法	质量合格标准
定位轴线、基础线和地脚螺栓	按柱基数抽查10%，且不应少于3个	用经纬仪、水准仪、全站仪和钢尺现场实测	建筑物的定位轴线、基础轴线和标高、地脚螺栓的规格及其紧固应符合设计要求
支承面、地脚螺栓位置		用经纬仪、水准仪、全站仪、水平尺和钢尺实测	基础顶面直接作为柱的支承面和基础顶面预埋钢板或支座作为柱的支承面时，其支承面、地脚螺栓（锚栓）位置的允许偏差应符合表 8-18 的规定

续表

名称	检查数量	检验方法	质量合格标准
坐浆板允许偏差	按柱基数抽查10%，且不应少于3个	用水准仪、全站仪、水平尺和钢尺现场实测	采用坐浆垫板时，坐浆垫板的允许偏差应符合表8-19的规定
杯口尺寸允许偏差	按基础数抽查10%，且不应少于4处	观察及尺量检查	采用杯口基础时，杯口尺寸的允许偏差应符合表8-20的规定
地脚螺栓尺寸偏差及螺纹保护	按柱基数抽查10%，且不应少于3个	用钢尺现场实测	地脚螺栓(锚栓)尺寸的允许偏差应符合表8-21的规定。地脚螺栓(锚栓)的螺纹应受到保护

表8-18 支承面、地脚螺栓位置的允许偏差

项目		允许偏差/mm
支承面	标高	±3.0
	水平度	$l/1000$
地脚螺栓(锚栓)	螺栓中心偏移	5.0
预留孔中心偏移		10.0

注：l代表构件的长度。

表8-19 坐浆垫板的允许偏差

项目	允许偏差/mm
顶面标高	0.0，−3.0
水平度	$l/1000$
位置	20.0

注：l为构件长度。

表8-20 杯口尺寸的允许偏差

项目	允许偏差/mm
底面标高	0.0，−5.0
杯口深度H	±5.0
杯口垂直度	$H/1000$，且不应大于10.0
位置	10.0

表8-21 地脚螺栓尺寸的允许偏差

项目	允许偏差/mm
螺栓(锚栓)露出长度	+30.0，0.0
螺纹长度	+30.0，0.0

2. 安装和校正

安装和校正施工操作如图 8-23 和图 8-24 所示。

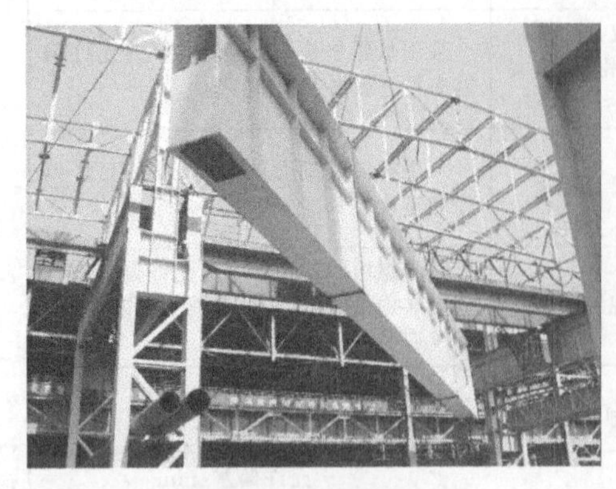

图 8-23 钢梁安装

图 8-24 钢柱安装

单层钢结构安装和校正施工质量验收的内容见表 8-22～表 8-28。

表 8-22 钢屋（托）架、桁架、梁及受压杆件垂直度和侧向弯曲矢高的允许偏差

单位：mm

<table>
<tr><th>项目</th><th colspan="2">允许偏差</th><th>图例</th></tr>
<tr><td>跨中的垂直度</td><td colspan="2">$h/250$,且不大于 15.0</td><td>1
1
1—1
h</td></tr>
<tr><td rowspan="3">侧向弯曲矢高 f</td><td>$l\le 30\text{m}$</td><td>$l/1000$,且不应大于 10.0</td><td rowspan="3">f
l</td></tr>
<tr><td>$30\text{m}\lt l\le 60\text{m}$</td><td>$l/1000$,且不应大于 30.0</td></tr>
<tr><td>$l\gt 60\text{m}$</td><td>$l/1000$,且不应大于 50.0</td></tr>
</table>

表 8-23 整体垂直度和整体平面弯曲的允许偏差 单位：mm

项目	允许偏差	图例
主体结构的整体垂直度	H/1000，且不应大于 25.0	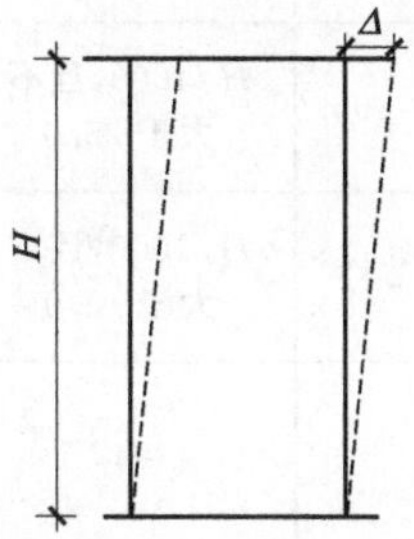
主体结构的整体平面弯曲	L/1500，且不应大于 25.0	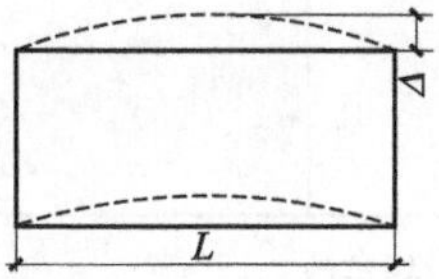

表 8-24 钢柱安装的允许偏差 单位：mm

项目		允许偏差	图例	检验方法
柱脚底座中心线对定位轴线的偏移		5.0	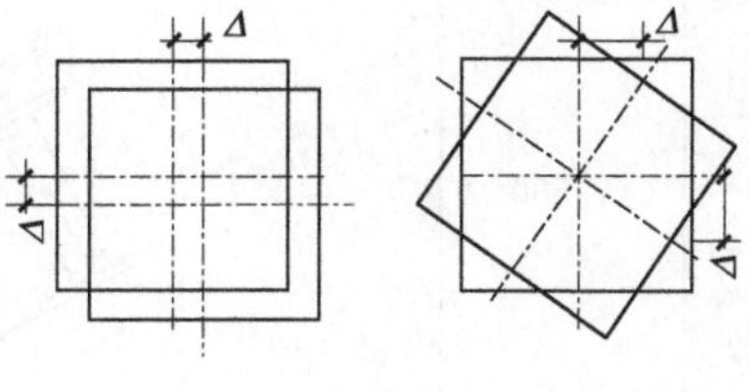	用吊线和钢尺检查
柱基准点标高	有吊车梁的柱	+3.0 −5.0	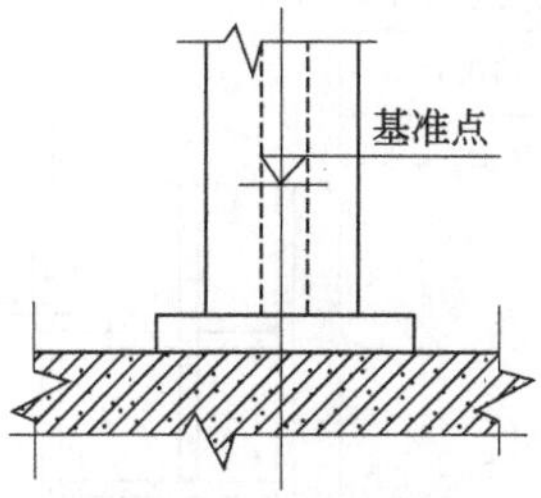	用水准仪检查
	无吊车梁的柱	+5.0 −8.0		
弯曲矢高		H/1200，且不大于 15.0		用经纬仪或拉线和钢尺检查

续表

项目			允许偏差	图例	检验方法
柱轴线垂直度	单层柱	$H\leqslant 10$m	$H/1000$	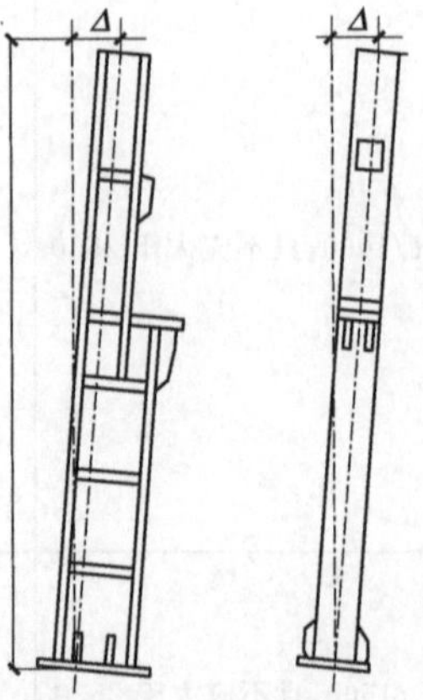	用经纬仪或吊线和钢尺检查
		$H>10$m	$H/1000$,且不大于25.0		
	多节柱	单节柱	$H/1000$,且不大于10.0		
		柱全高	35.0		

注：H 为柱全高。

表 8-25 钢吊车梁安装的允许偏差 单位：mm

项目		允许偏差	图例	检验方法
梁的跨中垂直度 Δ		$h/500$	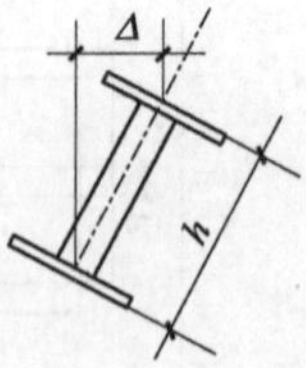	用吊线和钢尺检查
侧向弯曲矢高		$l/1500$且不应大于10.0	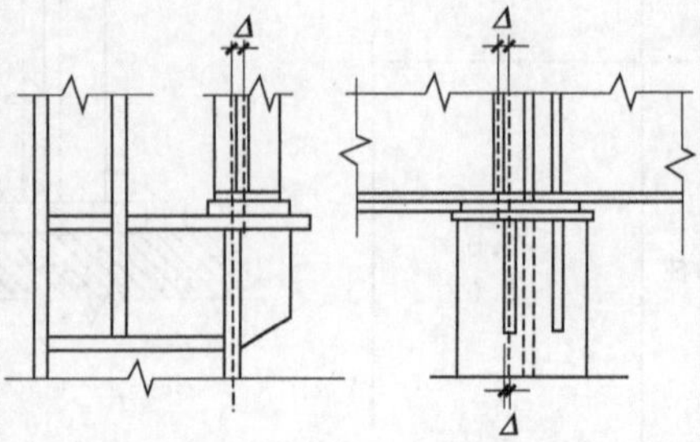	用拉线和钢尺检查
垂直上拱矢高		10.0		
两端支座中心位移 Δ	安装在钢柱上时,对牛腿中心的偏移	5.0		
	安装在混凝土柱上时,对定位轴线的偏移	5.0		
吊车梁支座加劲板中心与柱子承压加劲中心的偏移 Δ		$r/2$		用吊线和钢尺检查

续表

项目		允许偏差	图例	检验方法
同跨间内同一横截面吊车梁顶面高差Δ	支座处	10.0	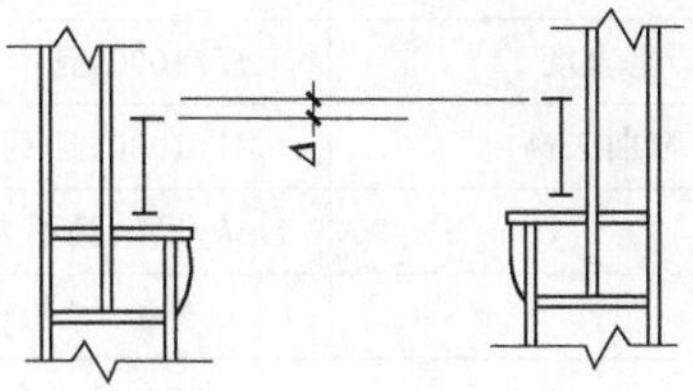	用经纬仪、水准仪和钢尺检查
	其他处	15.0		
同跨间内同一横截面下挂式吊车梁底面高差Δ		10.0	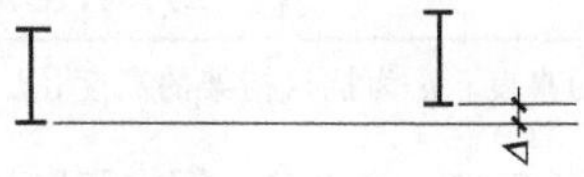	
同列相邻两柱间吊车梁顶面高差Δ		*l*/1500且不应大于10.0	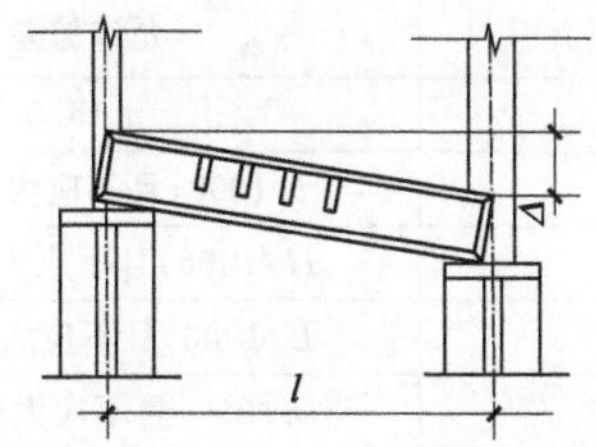	用水准仪和钢尺检查
相邻两吊车梁接头部位Δ	中心错位	3.0	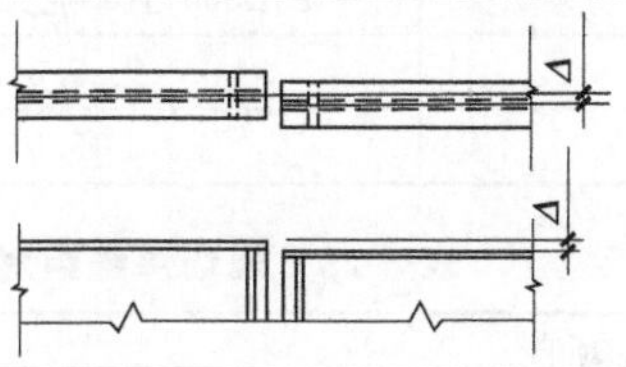	用钢尺检查
	上承式顶面高差	1.0		
	下承式底面高差	1.0		
同跨间任一截面的吊车梁中心跨距Δ		±10.0	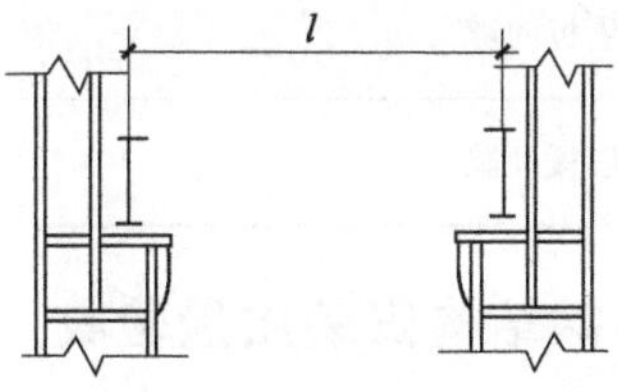	用经纬仪和光电测距仪检查；跨度小时，可用钢尺检查
轨道中心对吊车梁腹板轴线的偏移Δ		*t*/2	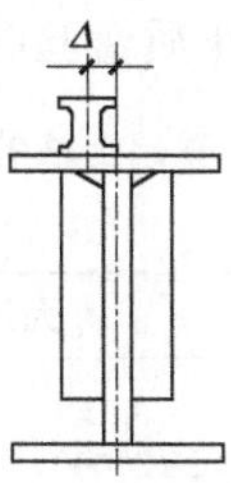	用吊线和钢尺检查

注：*r* 代表半径；*t* 代表板的厚度。

表 8-26　檩条、墙架等次要构件安装的允许偏差　　单位：mm

项目		允许偏差	检验方法
墙架立柱	中心线对定位轴线的偏移	10.0	用钢尺检查
	垂直度	H/1000,且不大于 10.0	
	弯曲矢高	H/1000,且不大于 15.0	用经纬仪或吊线和钢尺检查
抗风桁架的垂直度		h/250,且不大于 15.0	用吊线和钢尺检查
檩条、墙梁的间距		±5.0	用钢尺检查
檩条的弯曲矢高		L/750,且不应大于 12.0	用拉线和钢尺检查
墙梁的弯曲矢高		L/750,且不应大于 10.0	用拉线和钢尺检查

注：H 为墙架立柱的高度；h 为抗风桁架的高度；L 为檩条或墙梁的高度。

表 8-27　钢平台、钢梯和防护栏杆安装的允许偏差　　单位：mm

项目	允许偏差	检验方法
平台高度	±15.0	用水准仪检查
平台梁水平度	l/1000,且不应大于 20.0	用水准仪检查
平台支柱垂直度	H/1000,且不应大于 15.0	用经纬仪或吊线和钢尺查
承重平台梁侧向弯曲	L/1000,且不应大于 10.0	用拉线和钢尺检查
承重平台梁垂直度	h/250,且不应大于 15.0	用吊线和钢尺检查
直梯垂直度	L/1000,且不应大于 15.0	用吊线和钢尺检查
栏杆高度	±15.0	用钢尺检查
栏杆立柱间距	±15.0	用钢尺检查

表 8-28　现场焊缝组对间隙允许偏差　　单位：mm

项目	允许偏差
无垫板间隙	+3.0 0.0
有垫板间隙	+3.0 −2.0

二、多层及高层钢结构安装质量验收

1. 基础和支承面

基础和支承面施工操作质量验收的内容见表 8-29。

表 8-29　建筑物定位轴线、基础上柱的定位轴线和标高、地脚螺栓（锚栓）的允许偏差

单位：mm

项目	允许偏差	图例
建筑物定位轴线	L/20000,且不应大于 3.0	

续表

项目	允许偏差	图例
基础上柱的定位轴线	1.0	
基础上柱底标高	±2.0	基准点
地脚螺栓(锚栓)位移	2.0	

2. 安装和校正

多层钢结构安装和校正施工操作如图 8-25 和图 8-26 所示。

图 8-25 钢构件吊装就位

焊接H形钢的翼缘板拼接缝和腹板拼接缝的间距不应小于200mm。

图 8-26 钢构件焊接

多层钢结构安装和校正施工操作质量验收的主要内容见表8-30～表8-32。

表 8-30　整体垂直度和整体平面弯曲的允许偏差　　单位：mm

项目	允许偏差	图例
主体结构的整体垂直度	(H/2500＋10.0)且不应大于50.0	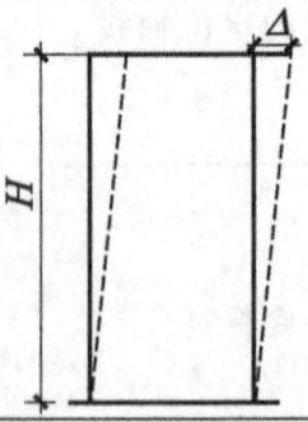
主体结构的整体平面弯曲	L/1500，且不应大于25.0	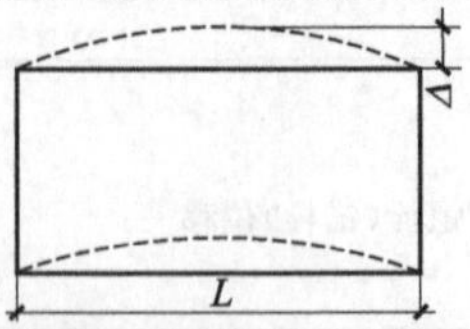

表 8-31　多层及高层结构钢构件安装的允许偏差　　单位：mm

项目	允许偏差	图例	检验方法
上、下柱连接处的错口Δ	3.0	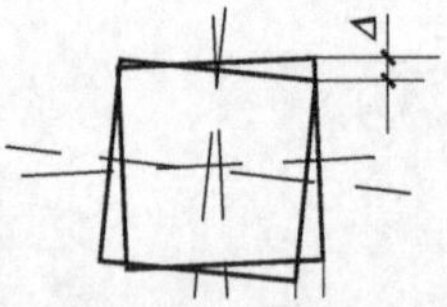	用钢尺检查
同一层柱的各柱顶高度差Δ	5.0	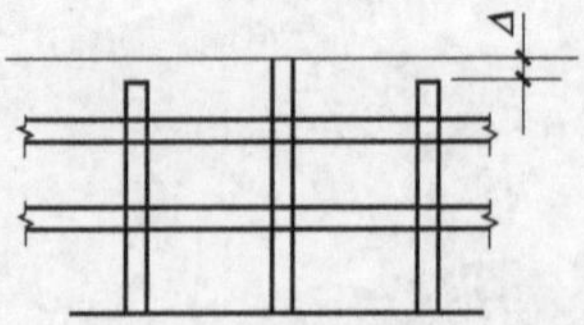	用水准仪检查
同一根梁两端顶面的高差Δ	l/1000，且不应大于10.0	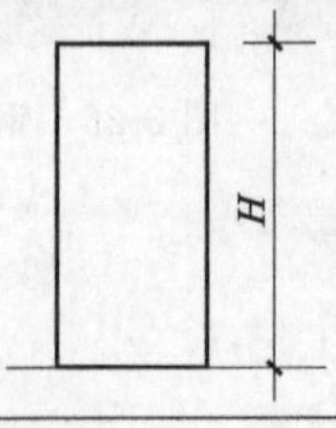	用水准仪检查
主梁与次梁表面的高差Δ	±2.0	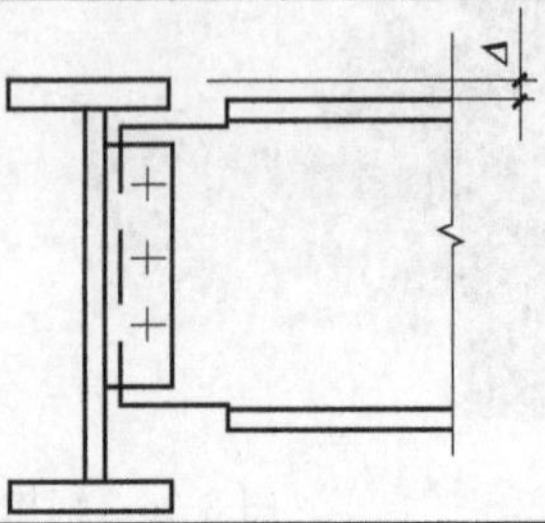	用直尺和钢尺检查

续表

项目	允许偏差	图例	检验方法
压型金属板在钢梁上相邻列的错位 Δ	15.00	Δ	用直尺和钢尺检查

注：l 代表梁的长度。

表 8-32 多层及高层钢结构主体结构总高度的允许偏差 单位：mm

项目	允许偏差	图例
用相对标高控制安装	$\pm\sum(\Delta_h+\Delta_z+\Delta_w)$	H
用设计标高控制安装	$H/1000$，且不应大于 30.0 $-H/1000$，且不应小于 −30.0	

注：Δ_h 为每节柱子长度的制造允许偏差；Δ_z 为每节柱子长度受荷载后的压缩值；Δ_w 为每节柱子接头焊缝的收缩量。

第四节 钢结构涂装施工质量验收

一、钢结构防腐涂料涂装施工质量验收

钢结构防腐涂装施工操作如图 8-27 所示。

钢构件制作前，应对构件隐蔽部位、结构夹层难以除锈的部位提前除锈，提前涂刷。

图 8-27 钢结构防腐施工

钢结构防腐施工涂装施工质量验收的内容见表 8-33 和表 8-34。

表 8-33 钢结构防腐涂料涂装质量验收

项目	合格质量标准	检验办法	检查数量
涂料基层验收	涂装前钢材表面除锈应符合设计要求和国家现行有关标准的规定。处理后的钢材表面不应有焊渣、焊疤、灰尘、油污、水和毛刺等。当设计无要求时，钢材表面除锈等级应符合表 8-34 的规定	用铲刀检查和用现行国家标准《涂装前钢材表面锈蚀等级和除锈等级》(GB 8923)规定的图片对照观察检查	按构件数量抽查10%，且同类构件不应少于 3 件
涂料厚度	漆料、涂装遍数、涂层厚度均应符合设计要求。当设计对涂层厚度无要求时，涂层干漆膜总厚度：室外应为 150μm，室内应为 125μm，其允许偏差 −25μm。每遍涂层干漆膜厚度的允许偏差 −5μm	用干漆膜测厚仪检查。每个构件检测 5 处，每处的数值为 3 个相距 50mm 测点涂层干漆膜厚度的平均值	
表面质量	构件表面不应误涂、漏涂，涂层不应脱皮和返锈等。涂层应均匀、无明显皱皮、流坠、针眼和气泡等	观察检查	全数检查
附着力测试	当钢结构处在有腐蚀介质环境或外露且设计有要求时，应进行涂层附着力测试，在检测处范围内，当涂层完整程度达到 70%以上时，涂层附着力达到合格质量标准的要求	按照现行国家标准《漆膜附着力测定法》(GB 1720)或《色漆和清漆、漆膜的划格试验》(GB 9286 执行)	按构件数抽查 1%，且不应少于 3 件，每件测 3 处
标志	涂装完成后，构件的标志、标记和编号应清晰完整	观察检查	全数检查

表 8-34 各种底漆或防锈漆最低的除锈等级

涂料品种	除锈等级
油性酚醛、醇酸等底漆或防锈漆	St2
高氯化聚乙烯、氯化橡胶、氯磺化聚乙烯、环氧树脂、聚氨酯等底漆或防锈漆	Sa2
无机富锌、有机硅、过氯乙烯等底漆	Sa2½

二、钢结构防火涂料涂装施工质量验收

钢结构防火涂料涂装施工操作如图 8-28 所示。

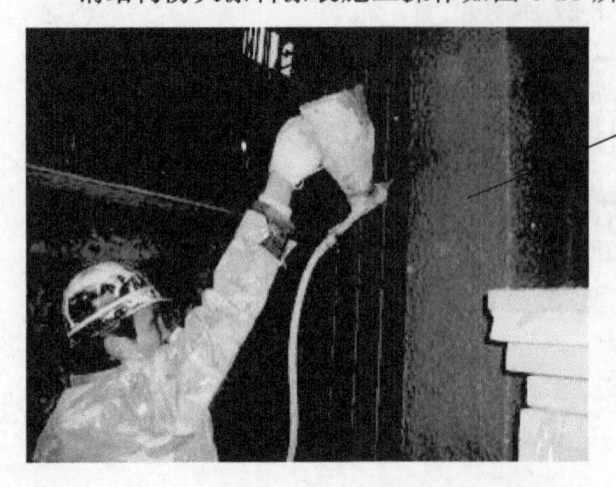

经验指导： 涂装过程中应按图纸要求操作，图纸中注明不涂装的部位及安装焊缝处30～50mm宽的范围内，均不应涂刷。高强度螺栓连接的摩擦面范围内不得涂装。

图 8-28 喷涂底层防火涂料

钢结构防火涂料涂装施工操作质量验收的主要内容见表8-35。

表8-35 钢结构防火涂料涂装质量验收

项目	合格质量标准	检验办法	检查数量
涂料基层验收	防火涂料涂装前钢材表面除锈及防锈底漆涂装应符合设计要求和国家现行有关标准的规定	表面除锈用铲刀检查和用现行国家标准《涂装前钢材表面锈蚀等级和除锈等级》(GB 8923)规定的图片对照观察检查。底漆涂装用干漆膜测厚仪检查，每个构件检测5处，每处的数值为3个相距50mm测点涂层干漆膜厚度的平均值	按构件数抽查10%，且同类构件不应少于3件
强度试验	钢结构防火涂料的黏结强度、抗压强度应符合国家现行标准《钢结构防火涂料应用技术规程》(CECS 24—90)的规定。检验方法应符合现行国家标准《建筑构件防火喷涂材料性能试验方法》(GB 9978)的规定	检查复检报告	每使用100t或不足100t薄涂型防火涂料应抽检一次黏结强度；每使用500t或不足500t厚涂型防火涂料应抽检一次黏结强度和抗压强度
涂层厚度	薄涂型防火涂料的涂层厚度应符合有关耐火极限的设计要求。厚涂型防火涂料涂层的厚度，80%及以上面积应符合有关耐火极限的设计要求，且最薄处厚度不应低于设计要求的85%	用涂层厚度测量仪、测针和钢尺检查。测量方法应符合国家现行标准《钢结构防火漆料应用技术规程》(CECS 24—90)的规定及规范附录F	按同类构件数抽查10%，且均不应少于3件
表面裂纹	薄涂型防火涂料涂层表面裂纹宽度不应大于0.5mm；厚涂型防火涂料涂层表面裂纹宽度不应大于1mm	观察和用尺量检查	按同类构件数量抽查10%，且均不应少于3件
基层表面	防火涂料涂装基层不应有油污、灰尘和泥砂等污垢	观察检查	全数检查
涂层表面质量	防火涂料不应有误涂、漏涂，涂层应闭合无脱层、空鼓、明显凹陷、粉化松散和浮浆等外观缺陷，乳突已剔除	观察检查	全数检查

第九章 装饰装修工程施工质量验收

第一节 抹灰工程施工质量验收

一、一般抹灰施工质量验收

1. 墙柱面抹灰

墙柱面抹灰施工操作如图 9-1 所示。

抹灰前应先对墙体表面进行清理，对所用灰浆进行检测后再进行涂刷施工。

图 9-1 墙柱面抹灰施工

在顶板混凝土湿润的情况下，先刷素水泥浆一道，刷随打底，打底采用 1∶1∶6 水泥混合砂浆。对顶板凹度较大的部位，先大致找平并压实，待其干后，再抹大面底层灰，其厚度每边不宜超过8mm。操作时需用力抹压，然后用压尺刮抹顺平，再用木磨板磨平，要求平整稍毛，不必光滑，但不得过于粗糙，不许有凹陷深痕。

图 9-2 顶棚抹灰施工

2. 顶棚抹灰

顶棚抹灰施工操作如图 9-2 所示。

3. 楼梯抹灰施工

楼梯抹灰施工操作如图 9-3 所示。

罩面灰宜采用1:(2～2.5) 水泥砂浆(体积比)，厚8mm。应根据砂浆干湿情况先抹出几步，再返上去压光，并用阴、阳角抹子将阴、阳角捋光，24h后开始浇水养护，一般是1周左右，在未达到强度前严禁上人。

图 9-3 楼梯抹罩面灰

4. 一般抹灰施工验收

一般抹灰施工质量验收的主要内容见表 9-1 和表 9-2。

表 9-1 一般抹灰施工验收

名称	检验方法	质量合格标准
基层表面	检查施工记录	抹灰前基层表面的尘土、污垢、油渍等应清除干净，并应洒水润湿
抹灰材料	检查产品合格证书、进场验收记录、复验报告和施工记录	一般抹灰所用材料的品种和性能应符合设计要求。水泥的凝结时间和安定性复验应合格。砂浆的配合比应符合设计要求
抹灰厚度	检查隐蔽工程验收记录和施工记录	抹灰工程应分层进行。当抹灰总厚度大于或等于35mm 时，应采取加强措施。不同材料基体交接处表面的抹灰，应采取防止开裂的加强措施，当采用加强网时，加强网与各基体的搭接宽度不应小于 100mm
抹灰层与基层黏结	观察、用小锤轻击检查和检查施工记录	抹灰层与基层之间及各抹灰层之间必须黏结牢固，抹灰层应无脱层、空鼓，面层应无爆灰和裂缝
抹灰表面	观察、手摸检查	普通抹灰表面应光滑、洁净、接槎平整，分格缝应清晰；高级抹灰表面应光滑、洁净、颜色均匀、无抹纹，分格缝和灰线应清晰美观
护角、孔洞抹灰	观察	护角、孔洞、槽、盒周围的抹灰表面应整齐、光滑，管道后面的抹灰表面应平整
抹灰分隔缝	观察、尺量检查	抹灰分隔缝的设置应符合设计要求，宽度和深度应均匀，表面应光滑，棱角应整齐
滴水线抹灰	观察、尺量检查	有排水要求的部位应做滴水线(槽)。滴水线(槽)应整齐顺直，滴水线应内高外低，滴水槽宽度和深度均不应小于 10mm

表 9-2　一般抹灰工程质量的允许偏差和检验方法

项目	允许偏差/mm		检验方法
	普通抹灰	高级抹灰	
立面垂直度	4	3	用 2m 垂直检测尺检查
表面平整度	4	3	用 2m 靠尺和塞尺检查
阴阳角方正	4	3	用直角检测尺检查
分格条(缝)直线度	4	3	用 5m 线,不足 5m 拉通线,用钢直尺检查
墙裙、勒脚上口直线度	4	3	拉 5m 线,不足 5m 拉通线,用钢直尺检查

一般抹灰施工时常出现墙面空鼓的现象如图 9-4 所示。

原因分析：基层处理不好，清扫不干净，浇水不透；墙面平整度偏差太大，一次抹灰太厚；砂浆和易性、保水性差，硬化后黏结强度差；各层抹灰层配比相差太大；没有分层抹灰。

图 9-4　墙面空鼓

解决方法：(1) 抹灰前对凹凸不平的墙面必须剔凿平整，凹陷处用 1∶3 水泥砂浆找平。

(2) 基层太光滑则应凿毛或用 1∶1 水泥砂浆加 10% 的 108 胶先薄薄刷一层。

(3) 墙面脚手架洞和其他孔洞等抹灰前必须用 1∶3 水泥砂浆浇水堵严抹平。

(4) 基层表面污垢、隔离剂等必须清除干净。

(5) 砂浆和易性、保水性差时可掺入适量的石灰膏或加气剂、塑化剂。

(6) 加气混凝土基层面抹灰的砂浆不宜过高。

(7) 水泥砂浆、混合砂浆、石灰膏等不能前后覆盖混杂涂抹。

二、装饰抹灰施工质量验收

装饰抹灰施工操作如图 9-5 所示。

图 9-5 墙面装饰抹灰

装饰抹灰施工操作质量验收的主要内容见表 9-3 和表 9-4。

表 9-3 装饰抹灰施工操作质量验收的主要内容

名称	检验方法	质量合格标准
基层表面	检查施工记录	抹灰前基层表面的尘土、污垢、油渍等应清除干净，并应洒水润湿
抹灰材料	检查产品合格证书、进场验收记录、复验报告和施工记录	装饰抹灰工程所用材料的品种和性能应符合设计要求。水泥的凝结时间和安定性复验应合格。砂浆的配合比应符合设计要求
抹灰厚度	检查隐蔽工程验收记录和施工记录	抹灰工程应分层进行。当抹灰总厚度大于或等于35mm时，应采取加强措施。不同材料基体交接处表面的抹灰，应采取防止开裂的加强措施，当采用加强网时，加强网与各基体的搭接宽度不应小于100mm
抹灰层与基体	观察，用小锤轻击检查和检查施工记录	各抹灰层之间及抹灰层与基体之间必须黏结牢固，抹灰层应无脱层、空鼓和裂缝
抹灰表面	观察、手摸检查	装饰抹灰工程的表面质量应符合下列规定： ①水刷石表面应石粒清晰、分布均匀、紧密平整、色泽一致，应无掉粒和接槎痕迹 ②斩假石表面剁纹应均匀顺直、深浅一致，应无漏剁处，阳角处应横剁并留出宽窄一致的不剁边条，棱角应无损坏 ③干粘石表面应色泽一致、不露浆、不漏粘，石粒应黏结牢固、分布均匀，阳角处应无明显黑边 ④假面砖表面应平整、沟纹清晰、留缝整齐、色泽一致，应无掉角、脱皮、起砂等缺陷
抹灰分格条	观察	装饰抹灰分格条(缝)的设置应符合设计要求，宽度和深度应均匀，表面应平整光滑，棱角应整齐
抹灰滴水线	观察、尺量检查	有排水要求的部位应做滴水线(槽)。滴水线(槽)应整齐顺直，滴水线应内高外低，滴水槽的宽度和深度均不应小于10mm

表 9-4　装饰抹灰质量验收的允许偏差和检验方法

项目	允许偏差/mm				检验方法
	水刷石	斩假石	干粘石	假面砖	
立面垂直度	5	4	5	5	用 2m 靠尺和塞尺检查
表面平整度	3	3	5	4	用 2m 靠尺和塞尺检查
阳角方正	3	3	4	4	用直角检测尺检查
分格条(缝)直线度	3	3	3	3	用 5m 线,不足 5m 拉通线,用钢直尺检查
墙裙、勒脚上口直线度	3	3	—	—	用 5m 线,不足 5m 拉通线,用钢直尺检查

墙面装饰抹灰时常出现抹灰层析白的现象，如图 9-6 所示。

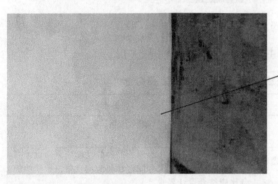

原因分析：水泥在水化过程中产生氢氧化钙，在砂浆硬化前受水浸泡渗聚到抹灰面与空气中的二氧化碳化合成白色碳酸钙出现在墙面上。在气温低或用水灰比大的砂浆抹灰时，析白现象更严重。

图 9-6　墙面析白

解决方法：(1) 在保持砂浆流动性状况下加减水剂来减少砂浆用水量，减少砂浆中的游离水，则减轻了氢氧化钙的游离渗至表面。

(2) 加分散剂，使氢氧化钙分散均匀，不会成片出现析白现象，而是出现均匀的轻微析白。

(3) 在低温季节水化过程慢，泌水现象普遍时，适当考虑加入促凝剂以加快硬化速度。

第二节　吊顶工程施工质量验收

一、木龙骨吊顶安装施工

木龙骨安装施工操作如图 9-7 所示。

罩面板安装施工操作如图 9-8 所示。

木龙骨吊顶安装过程中常常出现顶面不平整的现象，如图 9-9 所示。

吊顶起拱按设计要求，设计无要求时一般为房间跨度的1/300～1/200；木龙骨安装要求保证没有劈裂、腐蚀、虫眼、死节等质量缺陷；规格为截面长30～40mm，宽40～50mm，含水率低于10%

图 9-7　木龙骨安装施工

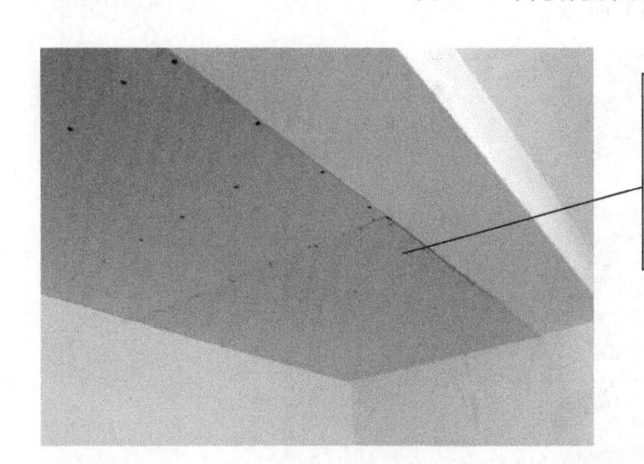

罩面板的接缝应按设计要求进行板缝处理。石膏板于墙体四周或柱应留有3mm槽口，采用弹性腻子披嵌，以便石膏板伸缩位移。

图 9-8　罩面板安装

原因分析：木龙骨本身的原因，即木质材料容易变形的特点所致，尤其是没有经过烘干处理的木龙骨，就更容易出现变形的情况了。另一方面，木龙骨本身（底面）不平整，有波浪式起伏的问题存在，底面不在一条直线上等。

图 9-9　顶面安装不平整

解决方法：将已经安装的顶板拆除，重新进行标高测设后再进行安装。

二、轻钢龙骨吊顶安装

龙骨吊杆安装施工操作如图 9-10 所示。

安装龙骨吊杆：弹好顶棚标高水平线及龙骨分挡位置线后，确定吊杆下端头的标高，按主龙骨位置及吊挂间距，将吊杆无螺栓丝扣的一端与楼板预埋钢筋连接固定。

图 9-10　龙骨吊杆安装

铝塑板安装施工操作如图 9-11 所示。

图 9-11　铝塑板安装

轻钢龙骨吊顶安装时常出现轻钢骨架吊固不牢的现象，如图 9-12 所示。

图 9-12　骨架吊靠不牢

解决方法：顶棚的轻钢骨架应吊在主体结构上，并应拧紧吊杆螺母以控制固定设计标高；顶棚内的管线、设备件不得吊固在轻钢骨架上。

三、吊顶工程施工质量验收操作

1. 暗龙骨吊顶安装施工质量验收

暗龙骨吊顶安装施工质量验收的主要内容见表9-5和表9-6。

表9-5 暗龙骨吊顶安装验收主要内容

名称	检验方法	质量合格标准
吊顶标高、尺寸	观察、尺量检查	吊顶标高、尺寸、起拱和造型应符合设计要求
饰面材料	观察，检查产品合格证书、性能检测报告、进场验收记录和复验报告	饰面材料的材质、品种、规格、图案和颜色应符合设计要求
吊杆、龙骨安装	观察、手扳检查、检查隐蔽工程验收记录和施工记录	暗龙骨吊顶工程的吊杆、龙骨和饰面材料的安装必须牢固
吊杆、龙骨材质、规格	观察、尺量检查，检查产品合格证书、性能检测报告、进场验收记录和隐蔽工程验收记录	吊杆、龙骨的材质、规格、安装间距及连接方式应符合设计要求。金属吊杆、龙骨应经过表面防腐处理，木吊杆、龙骨应进行防腐、防火处理
石膏板接缝	观察	石膏板的接缝应按其施工工艺标准进行板缝防裂处理。安装双层石膏板时，面层板与基层板的接缝应错开，并不得在同一根龙骨上接缝
饰面材料表面	观察、尺量检查	饰面材料表面应洁净、色泽一致，不得有翘曲、裂缝及缺损。压条应平直、宽窄一致
饰面板上设备	观察	饰面板上的灯具、烟感器、喷淋头、风口箅子等设备的位置应合理、美观，与饰面板的交接应吻合、严密
金属吊杆、龙骨接缝	检查隐蔽工程验收记录和施工记录	金属吊杆、龙骨的接缝应均匀一致，角缝应吻合，表面应平整，无翘曲、锤印。木质吊杆、龙骨应顺直，无劈裂、变形
吊顶内填充材料	检查隐蔽工程验收记录和施工记录	吊顶内填充吸声材料的品种和铺设厚度应符合设计要求，并应有防散落措施

表9-6 暗龙骨吊顶安装的允许偏差和检验方法

项目	允许偏差/mm				检验方法
	纸面石膏板	金属板	矿棉板	木板、塑料板、格栅	
表面平整度	3	2	2	3	用2m靠尺和塞尺检查
接缝直线度	3	1.5	3	3	拉5m线，不足5m拉通线，用钢直尺检查
接缝高低差	1	1	1.5	1	用钢直尺和塞尺检查

2. 明龙骨吊顶安装施工质量验收

明龙骨吊顶安装施工质量验收的主要内容见表 9-7 和表 9-8。

表 9-7 明龙骨吊顶安装验收主要内容

名称	检验方法	质量合格标准
吊顶标高、尺寸	观察、尺量检查	吊顶标高、尺寸、起拱和造型应符合设计要求
饰面材料	观察,检查产品合格证书、性能检测报告和进场验收记录	饰面材料的材质、品种、规格、图案和颜色应符合设计要求。当饰面材料为玻璃板时,应使用安全玻璃或采取可靠的安全措施
饰面材料与龙骨搭接	观察、手扳检查、尺量检查	饰面材料的安装应稳固严密,饰面材料与龙骨的搭接宽度应大于龙骨受力面宽度的 2/3
吊杆、龙骨材质	观察,尺量检查,检查产品合格证书、进场验收记录和隐蔽工程验收记录	吊杆、龙骨的材质、规格、安装间距及连接方式应符合设计要求。金属吊杆、龙骨应进行表面防腐处理,木龙骨应进行防腐、防火处理
饰面材料表面	观察、尺量检查	饰面材料表面应洁净、色泽一致,不得有翘曲、裂缝及缺损。饰面板与明龙骨的搭接应平整、吻合,压条应平直、宽窄一致
饰面板上设备	观察	饰面板上的灯具、烟感器、喷淋头、风口箅子等设备的位置应合理、美观,与饰面板的交接应吻合、严密
金属龙骨接缝	观察	金属龙骨的接缝应平整、吻合、颜色一致,不得有划伤、擦伤等表面缺陷。木质龙骨应平整、顺直,无劈裂
吊顶内填充材料	检查隐蔽工程验收记录和施工记录	吊顶内填充吸声材料的品种和铺设厚度应符合设计要求,并应有防散落措施

表 9-8 明龙骨吊顶安装的允许偏差和检验方法

项目	允许偏差/mm				检验方法
	石膏板	金属板	矿棉板	塑料板、玻璃板	
表面平整度	3	2	3	2	用 2m 靠尺和塞尺检查
接缝直线度	3	2	3	3	拉 5m 线,不足 5m 拉通线,用钢直尺检查
接缝高低差	1	1	2	1	用钢直尺和塞尺检查

第三节 隔墙施工质量验收

一、骨架隔墙施工

1. 骨架隔墙安装

骨架隔墙施工操作如图 9-13 所示。

固定点间距应不大于1m，边骨的端部必须固定，固定应牢固。边框龙骨与基体之间应按设计要求安装密封条。

图 9-13 骨架隔墙施工

2. 骨架隔墙安装施工质量验收

骨架隔墙安装施工质量验收的内容见表 9-9 和表 9-10。

表 9-9 骨架隔墙安装施工质量验收的内容

名称	检验方法	质量合格标准
骨架隔墙材料	观察，检查产品合格证书、进场验收记录、性能检测报告和复验报告	骨架隔墙所用龙骨、配件、墙面板、填充材料及嵌缝材料的品种、规格、性能和木材的含水率应符合设计要求。有隔声、隔热、阻燃、防潮等特殊要求的工程，材料应有相应性能等级的检测报告
龙骨与基体结构连接	手扳检查、尺量检查、检查隐蔽工程验收记录	骨架隔墙工程边框龙骨必须与基体结构连接牢固，并应平整、垂直、位置正确
龙骨间距和构造连接	检查隐蔽工程验收记录	骨架隔墙中龙骨间距和构造连接方法应符合设计要求。骨架内设备管线的安装、门窗洞口等部位加强龙骨应安装牢固、位置正确，填充材料的设置应符合设计要求
木龙骨及墙面板防火	检查隐蔽工程验收记录	木龙骨及木墙面板的防火和防腐处理必须符合设计要求
墙面板安装	观察、手扳检查	骨架隔墙的墙面板应安装牢固，无脱层、翘曲、折裂及缺损
墙面板接缝材料	观察	墙面板所用接缝材料的接缝方法应符合设计要求
骨架隔墙表面	观察、手摸检查	骨架隔墙表面应平整光滑、色泽一致、洁净、无裂缝，接缝应均匀、顺直
隔墙上的孔、洞	观察	骨架隔墙上的孔洞、槽、盒应位置正确、套割吻合、边缘整齐
隔墙填充材料	轻敲检查、检查隐蔽工程验收记录	骨架隔墙内的填充材料应干燥，填充应密实、均匀、无下坠

表 9-10 骨架隔墙安装的允许偏差和检验方法

项目	允许偏差/mm		检验方法
	纸面石膏板	人造木板、水泥纤维板	
立面垂直度	3	4	用 2m 垂直检测尺检查

续表

项目	允许偏差/mm		检验方法
	纸面石膏板	人造木板、水泥纤维板	
表面平整度	3	3	用2m靠尺和塞尺检查
阴阳角方正	3	3	用直角检测尺检查
接缝直线度	—	3	拉5m线,不足5m拉通线,用钢直尺检查
压条直线度	—	3	拉5m线,不足5m拉通线,用钢直尺检查
接缝高低差	1	1	用钢直尺和塞尺检查

二、板材隔墙施工

1. 板材隔墙安装

板材隔墙施工操作如图9-14所示。

当有门洞口时,应从门洞口处向两侧依次进行;当无洞口时,应从一端向另一端安装。

图9-14　板材隔墙施工

2. 板材隔墙安装施工验收

板材施工操作质量验收的主要内容见表9-11和表9-12。

表9-11　板材隔墙安装验收的主要内容

名称	检验方法	质量合格标准
板材材料	观察,检查产品合格证书、进场验收记录和性能检测报告	隔墙板材的品种、规格、性能、颜色应符合设计要求。有隔声、隔热、阻燃、防潮等特殊要求的工程,板材应有相应性能等级的检测报告
板材安装连接件	观察、尺量检查、检查隐蔽工程验收记录	安装隔墙板材所需预埋件、连接件的位置、数量及连接方法应符合设计要求
板材安装	观察、手扳检查	隔墙板材安装必须牢固。现制钢丝网水泥隔墙与周边墙体的连接方法应符合设计要求,并应连接牢固
板材接缝材料	观察、检查产品合格证书和施工记录	隔墙板材所用接缝材料的品种及接缝方法应符合设计要求
板材安装垂直、平整	观察、尺量检查	隔墙板材安装应垂直、平整、位置正确,板材不应有裂缝或缺损

续表

名称	检验方法	质量合格标准
板材隔墙表面	观察、手摸检查	板材隔墙表面应平整光滑、色泽一致、洁净，接缝应均匀、顺直
隔墙上的孔、洞	观察	隔墙上的孔洞、槽、盒应位置正确、套割方正、边缘整齐

表 9-12 板材隔墙安装的允许偏差和检验方法

项目	允许偏差/mm				检验方法
	复合轻质墙板		石膏空心板	钢丝网水泥板	
	金属夹芯板	其他复合板			
立面垂直度	2	3	3	3	用 2m 垂直检测尺检查
表面平整度	2	3	3	3	用 2m 靠尺和塞尺检查
阴阳角方正	3	3	3	4	用直角检测尺检查
接缝高低差	1	2	2	3	用钢直尺和塞尺检查

板材隔墙安装常见质量问题及解决方法如下。

(1) 隔墙板与地面连接不牢固　在地面上没有做好凿毛清洁工作，填塞不严，造成墙板与地面连接不牢；或隔墙板与两侧墙面及板与板之间的胶黏剂与板材不配套，造成黏结不牢，出现缝隙。所以切割板材时，一定要找方正。地面上突出的砂浆、混凝土块等必须剔除并清扫干净。胶黏剂一定要配套使用。

(2) 隔墙板材的接缝处高低不平　在安装时没有用靠尺找平和校正，会造成板面不平整、不垂直，影响装饰效果。所以，在选择板材时，要求同一面隔墙上必须使用厚度一致的板材。安装中应随时用 2m 靠尺及塞尺测量墙面的平整度，用 2m 托线板检查板材的垂直度。

板材墙面装饰的功能，主要表现在保护墙体、提供某种使用条件、美化空间环境。木饰面板是室内高档装饰材料，用木质板装饰墙面，不同树种、不同材质因其纹理及色彩的不同效果都会有差别。虽然各类板材墙面的施工工艺都相差不大，但是不同材质的板材，有不同的细节处理。当然板材施工常见的问题要加以重视，否则会产生很多不良的后果。

第四节 饰面施工质量验收

一、饰面板安装施工质量验收

1. 饰面板安装

饰面板安装施工操作如图 9-15 所示。

饰面板安装所用的预埋件、连接数量、规格、位置及连接方法等应符合图纸设计要求，饰面板安装必须牢固。

图 9-15　饰面板安装

2. 饰面板安装验收

饰面板安装施工质量验收的主要内容见表 9-13 和表 9-14。

表 9-13　饰面板安装施工质量验收的主要内容

名称	检验方法	质量合格标准
饰面板材料	观察，检查产品合格证书、进场验收记录和性能检测报告	饰面板的品种、规格、颜色和性能应符合设计要求，木龙骨、木饰面板和塑料饰面板的燃烧性能等级应符合设计要求
饰面板孔、槽	检查进场验收记录和施工记录	饰面板孔、槽的数量、位置和尺寸应符合设计要求
饰面板预埋件、连接件	手扳检查，检查进场验收记录、现场拉拔检测报告、隐蔽工程验收记录和施工记录	饰面板安装工程的预埋件（或后置埋件）、连接件的数量、规格、位置、连接方法和防腐处理必须符合设计要求。后置埋件的现场拉拔强度必须符合设计要求。饰面板安装必须牢固
饰面板表面	观察	饰面板表面应平整、洁净、色泽一致，无裂痕和缺损。石材表面应无泛碱等污染
饰面板嵌缝	观察、尺量检查	饰面板嵌缝应密实、平直，宽度和深度应符合设计要求，嵌填材料色泽应一致
饰面板防碱背涂	用小锤轻击检查、检查施工记录	采用湿作业法施工的饰面板工程，石材应进行防碱背涂处理。饰面板与基体之间的灌注材料应饱满、密实

表 9-14　饰面板安装的允许偏差和检验方法

项目	允许偏差/mm							检验方法
	石材			瓷板	木材	塑料	金属	
	光面	剁斧石	蘑菇石					
立面垂直度	2	3	3	2	1.5	2	2	用 2m 垂直检测尺检查
表面平整度	2	3		1.5	1	3	3	用 2m 靠尺和塞尺检查
阴阳角方正	2	4	4	2	1.5	3	3	用直角检测尺检查

续表

项目	允许偏差/mm							检验方法
	石材			瓷板	木材	塑料	金属	
	光面	剁斧石	蘑菇石					
接缝直线度	2	4	4	2	1	1	1	拉5m线,不足5m拉通线,用钢直尺检查
墙裙、勒脚上口直线度	2	3	3	2	2	2	2	拉5m线,不足5m拉通线,用钢直尺检查
接缝高低差	0.5	3	—	0.5	0.5	1	1	用钢直尺和塞尺检查
接缝宽度	1	2	2	1	1	1	1	用钢直尺检查

二、饰面砖粘贴施工质量验收

1. 饰面砖镶贴

饰面砖镶贴施工操作如图9-16所示。

施工前认真挑选釉面砖，剔出有缺陷的釉面砖。同一面墙上应用同一尺寸釉面砖，以做到接缝均匀一致。粘贴前做好规矩，用釉面砖贴灰饼，划出标准，阳角处要两面抹直。每贴好一行釉面砖，应及时用靠尺板横、竖向靠直，偏差处用灰匙木柄轻轻敲平，及时校正横、竖缝平直。

图9-16 饰面砖镶贴

2. 饰面砖镶贴施工验收

饰面砖镶贴施工质量验收的主要内容见表9-15。

表9-15 饰面砖镶贴施工质量验收的主要内容

名称	检验方法	质量合格标准
饰面砖材料	观察,检查产品合格证书、进场验收记录、性能检测报告和复验报告	饰面砖的品种、规格、图案颜色和性能应符合设计要求
饰面砖找平、防水	检查产品合格证书、复验报告和隐蔽工程验收记录	饰面砖粘贴工程的找平、防水、黏结和勾缝材料及施工方法应符合设计要求及国家现行产品标准和工程技术标准的规定
饰面砖粘贴	检查样板件黏结强度检测报告和施工记录	饰面砖粘贴必须牢固
满粘法施工	观察、用小锤轻击检查	满粘法施工的饰面砖工程应无空鼓、裂缝
饰面砖表面	观察	饰面砖表面应平整、洁净、色泽一致,无裂痕和缺损

续表

名称	检验方法	质量合格标准
阴阳角粘贴	观察	阴阳角处搭接方式、非整砖使用部位应符合设计要求
饰面砖接缝	观察、尺量检查	饰面砖接缝应平直、光滑，填嵌应连续、密实，宽度和深度应符合设计要求
滴水线(槽)	观察、用水平尺检查	有排水要求的部位应做滴水线(槽)，滴水线(槽)应顺直，流水坡向应正确，坡度应符合设计要求

饰面砖镶贴过程中常出现裂缝和空鼓的现象，如图9-17所示。

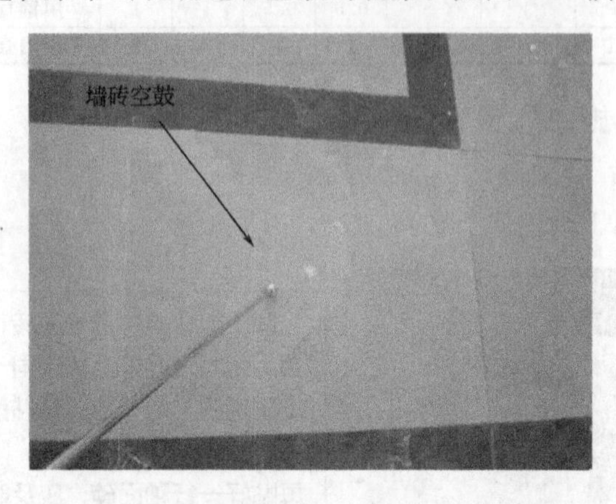

图9-17 墙体面砖空鼓

解决方法：施工时，基层必须清理干净，表面修补平整，墙面洒水湿透。釉面砖使用前，必须用水浸泡不少于2h，取出晾干，方可粘贴。釉面砖黏结砂浆过厚或过薄均易产生空鼓，厚度一般控制在7～10mm。必要时掺入水泥质量3%的108胶，提高黏结砂浆的和易性和保水性；黏结釉面砖时用灰匙木柄轻轻敲击砖面，使其与底层黏结密实牢固，黏结不密实时，应取下重贴。冬期施工时，应做好防冻保暖措施，以确保砂浆不受冻。

第五节 涂饰施工质量验收

一、水溶性涂料涂饰施工质量验收

1. 水溶性涂料涂饰

水溶性涂料涂饰施工操作如图9-18所示。

2. 水溶性涂饰施工验收

水溶性涂料涂饰施工质量验收的主要内容见表9-16～表9-18。

混凝土或抹灰基层涂刷溶剂型涂料时，含水率不得大于8%；涂刷水溶性涂料时，含水率不得大于10%；木质基层含水率不得大于12%。

图 9-18 水溶性涂料涂饰

表 9-16 薄涂料涂饰质量验收方法

项目	普通涂饰	高级涂饰	检验方法
颜色	均匀一致	均匀一致	观察
泛碱、咬色	允许少量轻微	不允许	
流坠、疙瘩	允许少量轻微	不允许	
砂眼、刷纹	允许少量轻微砂眼、刷纹通顺	无砂眼，无刷纹	
装饰线、分色线直线度允许偏差/mm	2	1	拉5m线，不足5m拉通线，用钢直尺检查

表 9-17 厚涂料涂饰质量验收方法

项目	普通涂饰	高级涂饰	检验方法
颜色	均匀一致	均匀一致	观察
泛碱、咬色	允许少量轻微	不允许	
点状分布	—	疏密均匀	

表 9-18 复合涂料涂饰质量验收方法

项目	质量要求	检验方法
颜色	均匀一致	观察
泛碱、咬色	不允许	
喷点疏密程度	均匀，不允许连片	

二、溶剂型涂料涂饰施工质量验收

1. 溶剂型涂料涂饰

溶剂型涂料涂饰施工操作如图 9-19 所示。

2. 溶剂型涂饰施工验收

溶剂型涂料涂刷施工质量验收的内容见表 9-19 和表 9-20。

图 9-19　溶剂型涂料涂刷

表 9-19　色漆涂饰施工质量验收的方法

项　　目	普通涂饰	高级涂饰	检验方法
颜色	均匀一致	均匀一致	观察
光泽、光滑	光泽基本均匀光滑无挡手感	光泽均匀一致光滑	观察、手摸检查
刷纹	刷纹通顺	无刷纹	观察
裹棱、流坠、皱皮	明显处不允许	不允许	观察
装饰线、分色线直线度允许偏差/mm	2	1	拉 5m 线，不足 5m 拉通线，用钢直尺检查

表 9-20　清漆涂饰施工质量验收的方法

项　　目	普通涂饰	高级涂饰	检验方法
颜色	基本一致	均匀一致	观察
木纹	棕眼刮平、木纹清楚	棕眼刮平、木纹清楚	观察
光泽、光滑	光泽基本均匀，光滑无挡手感	光泽均匀一致，光滑	观察、手摸检查
刷纹	无刷纹	无刷纹	观察
裹棱、流坠、皱皮	明显处不允许	不允许	观察

第六节　门窗安装施工质量验收

一、木门窗制作与安装质量验收

1. 木门窗安装

木门窗安装施工操作如图 9-20 所示。

2. 木门窗制作与安装质量验收

木门窗制作与安装施工质量验收的主要内容见表 9-21～表 9-23。

安装前应对木窗尺寸规格和外表面的粗糙程度进行检查。

图 9-20 木门窗安装

表 9-21 木门窗制作与安装施工质量验收的主要内容

名称	检验方法	质量合格标准
木门窗材料	观察、检查材料进场验收记录和复验报告	木门窗的木材品种、材质等级、规格、尺寸、框扇的线形及人造木板的甲醛含量应符合设计要求。设计未规定材质等级时,所用木材的质量应符合《建筑装饰装修工程质量验收规范》(GB 50210—2001)附录 A 的规定
木门窗防火、防腐	观察、检查材料进场验收记录	木门窗的防火、防腐、防虫处理应符合设计要求
门窗结合处及配件	观察	门窗的结合处和安装配件处不得有木节或已填补的木节。木门窗如有允许限值以内的死节及直径较大的虫眼时,应用同一材质的木塞加胶填补。对于清漆制品,木塞的木纹和色泽应与制品一致
门窗框连接	观察、手扳检查	门窗框和厚度大于 50mm 的门窗扇应用双榫连接。榫槽应采用胶料严密嵌合,并应用胶楔加紧
门的质量	观察	胶合板门、纤维板门和模压门不得脱胶。胶合板不得刨透表层单板,不得有戗槎。制作胶合板门、纤维板门时,边框和横楞应在同一平面上,面层、边框及横楞应加压胶结。横楞和上、下冒头应各钻两个以上的透气孔,透气孔应通畅
木门窗框安装	观察、手扳检查、检查隐蔽工程验收记录和施工记录	木门窗框的安装必须牢固。预埋木砖的防腐处理、木门窗框固定点的数量、位置及固定方法应符合设计要求
木门窗扇安装	观察、开启和关闭检查、手扳检查	木门窗扇必须安装牢固,并应开关灵活、关闭严密、无倒翘
木门窗配件	观察、开启和关闭检查、手扳检查	木门窗配件的型号、规格、数量应符合设计要求,安装应牢固,位置应正确,功能应满足使用要求
木门窗表面	观察	木门窗表面应洁净,不得有刨痕、锤印

表 9-22　木门窗制作的允许偏差及检验方法

项　　目	构件名称	允许偏差/mm		检验方法
		普通	高级	
翘曲	框	3	2	将框、扇平放在检查平台上,用塞尺检查
	扇	2	2	
对角线长度差	框、扇	3	2	用钢尺检查,框量裁口里角,扇量外角
表面平整度	扇	2	2	用 1m 靠尺和塞尺检查
高度、宽度	框	0,－2	0,－1	用钢尺检查,框量裁口里角,扇量外角
	扇	＋2,0	＋1,0	
裁口、线条结合处高低差	框、扇	1	0.5	用钢直尺和塞尺检查
相邻棂子两端间距	扇	2	1	用钢直尺检查

表 9-23　木门窗安装点的允许偏差及检验方法

项　　目		留缝限值/mm		允许偏差/mm		检验方法
		普通	高级	普通	高级	
门窗槽口对角线长度差		—	—	3	2	用钢尺检查
门窗框的正、侧面垂直度		—	—	2	1	用 1m 垂直检测尺检查
框与扇、扇与扇接缝高低差		—	—	2	1	用钢直尺和塞尺检查
门窗扇对口缝		1～2.5	1.5～2	—	—	用塞尺检查
工业厂房双扇大门对口缝		2～5	—	—	—	
门窗扇与上框间留缝		1～2	1～1.5	—	—	
门窗扇与侧框间留缝		1～2.5	1～1.5	—	—	
窗扇与下框间留缝		2～3	2～2.5	—	—	
门扇与下框间留缝		3～5	3～4	—	—	
双层门窗内外框间距		—	—	4	3	用钢尺检查
无下框时门扇与地面间留缝	外门	4～7	5～6	—	—	用塞尺检查
	内门	5～8	6～7	—	—	
	卫生间门	8～12	8～10	—	—	
	厂房大门	10～20	—	—	—	

木门窗安装过程中常出现翘曲的现象，如图 9-21 所示。

解决方法：门窗框安装完后，可先将立梃的下角清扫干净，用水泥浆将下角堵住，以加强门窗框的稳定性。

图 9-21 木门翘曲

二、金属门窗安装施工质量验收

1. 金属门窗安装

金属门窗安装施工操作如图 9-22 所示。

安装前对预留洞口进行清理，
检查门窗的完好性。

图 9-22 金属门窗安装

2. 金属门窗安装质量验收

金属门窗安装施工质量验收的主要内容见表 9-24～表 9-26。

表 9-24 钢门窗安装施工质量验收

项 目		留缝限值/mm	允许偏差/mm	检验方法
门窗槽口宽度、高度	≤1500mm	—	2.5	用钢尺检查
	>1500mm	—	3.5	
门窗槽口对角线长度差	≤2000mm	—	5	用钢尺检查
	>2000mm	—	6	
门窗框的正、侧面垂直度		—	3	用 1m 垂直检测尺检查
门窗槽框的水平度		—	3	用 1m 水平尺和塞尺检查
门窗横框标高		—	5	用钢尺检查

续表

项　　目	留缝限值/mm	允许偏差/mm	检验方法
门窗竖向偏离中心	—	4	用钢尺检查
双层门窗内外框间距	—	5	用钢尺检查
门窗框、扇配合间隙	≤2	—	用塞尺检查
无下框时门扇与地面间留缝	4～8	—	用塞尺检查

表 9-25　铝合金门窗安装施工质量验收

项目		允许偏差/mm	检验方法
门窗槽口宽度、高度	≤1500mm	1.5	用钢尺检查
	＞1500mm	2	
门窗槽口对角线长度差	≤2000mm	3	用钢尺检查
	＞2000mm	4	
门窗框的正、侧面垂直度		2.5	用垂直检测尺检查
门窗横框的水平度		2	用 1m 水平尺和塞尺检查
门窗横框标高		5	用钢尺检查
门窗竖向偏离中心		5	用钢尺检查
双层门窗内外框间距		4	用钢尺检查
推拉门窗扇与框搭接量		1.5	用钢直尺检查

表 9-26　涂色镀锌钢门窗安装施工质量验收

项目		允许偏差/mm	检验方法
门窗槽口宽度、高度	≤1500mm	2	用钢尺检查
	＞1500mm	3	
门窗槽口对角线长度差	≤2000mm	4	用钢尺检查
	＞2000mm	5	
门窗框的正、侧面垂直度		3	用垂直检测尺检查
门窗横框的水平度		3	用 1m 水平尺和塞尺检查
门窗横框标高		5	用钢尺检查
门窗竖向偏离中心		5	用钢尺检查
双层门窗内外框间距		4	用钢尺检查
推拉门窗扇与框搭接量		2	用钢直尺检查

三、门窗玻璃安装施工质量验收

1. 门窗玻璃安装

门窗玻璃安装施工操作如图 9-23 所示。

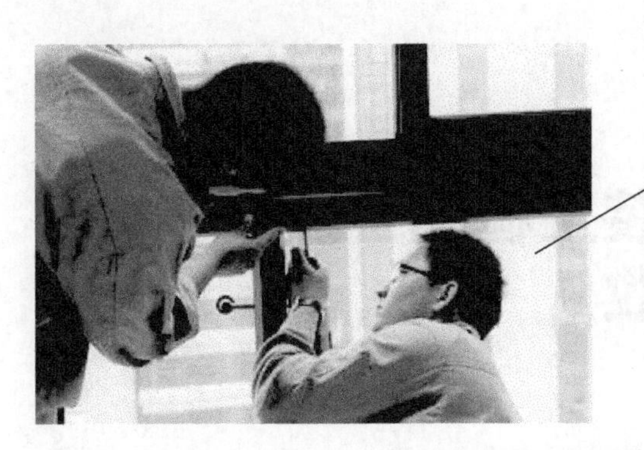

玻璃安装时应将其固定牢靠，以防脱落造成损坏。

图 9-23 门窗玻璃安装施工

2. 门窗玻璃安装验收

门窗玻璃安装施工操作质量验收的主要内容见表 9-27。

表 9-27 门窗玻璃安装施工操作质量验收的主要内容

名称	检验方法	质量合格标准
玻璃材料	观察，检查产品合格证书、性能检测报告和进场验收记录	玻璃的品种、规格、尺寸、色彩、图案和涂膜朝向应符合设计要求。单块玻璃大于 $1.5m^2$ 时应使用安全玻璃
玻璃裁割	观察、轻敲检查	门窗玻璃裁割尺寸应正确。安装后的玻璃应牢固，不得有裂纹、损伤和松动
玻璃安装	观察、检查施工记录	玻璃的安装方法应符合设计要求。固定玻璃的钉子或钢丝卡的数量、规格应保证玻璃安装牢固
镶钉木压条	观察	镶钉木压条接触玻璃处，应与裁口边缘平齐。木压条应互相紧密连接，并与裁口边缘紧贴，割角应整齐
密封条安装	观察	密封条与玻璃、玻璃槽口的接触应紧密、平整。密封胶与玻璃、玻璃槽口的边缘应黏结牢固、接缝平齐
玻璃表面	观察	玻璃表面应洁净，不得有腻子、密封胶、涂料等污物。中空玻璃内外表面均应洁净，玻璃中空层内不得有灰尘和水蒸气
填充腻子	观察	腻子应填抹饱满、黏结牢固，腻子边缘与裁口应平齐。固定玻璃的卡子不应在腻子表面显露

第十章 安装工程施工质量验收

第一节 给排水分项工程施工质量验收

一、室内给水系统安装质量验收

室内给水系统安装施工操作如图 10-1 所示。

图 10-1　室内给水系统安装

室内给水系统安装施工操作质量验收的内容见表 10-1～表 10-4。

表 10-1　室内给水管道及配件的质量要求及检验

项目内容	质量要求及检验
给水管道水压试验	室内给水管道的水压试验必须符合设计要求，当设计未注明时，各种材质的给水管道系统试验压力均为工作压力的 1.5 倍，但不得小于 0.6MPa 检验方法：金属及复合管给水管道系统在试验压力下观测 10min，压力降不应大于 0.02MPa.然后降到工作压力进行检查，应不渗不漏；塑料管给水系统应在试验压力下稳压 1h，压力降不得超过 0.05MPa.然后在工作压力的 1.15 倍状态下稳压 2h，压力降不得超过 0.03MPa，同时检查各连接处不得渗漏
给水系统通水试验	给水系统交付使用前必须进行通水试验并做好记录 检验方法：观察和开启阀门、水嘴等放水
生活给水系统管冲洗和消毒	生产给水系统管道在交付使用前必须冲洗和消毒，并经有关部门取样检验，符合国家《生活饮用水标准》方可使用 检验方法：检查有关部门提供的检测报告

续表

项目内容	质量要求及检验
直埋金属给水管道防腐	室内直埋给水管道(塑料管道和复合管道除外)应做防腐处理,埋地管道防腐层材质和结构应符合设计要求 检验方法:观察或局部解剖检查
给排水管铺设的平行、垂直净距	给水引入管与排水排出管的水平净距不得小于1m。室内给水与排水管道平行敷设时,两管间的最小水平净距不得小于0.5m;交叉铺设时,垂直净距不得小于0.15m。给水管应铺在排水管上面,若给水管必须铺在排水管的下面时,给水管应加套管,其长度不得小于排水管管径的3倍 检验方法:尺量检查
金属给水管道及管件焊接	管道及管件焊接的焊缝表面质量应符合下列要求 (1)焊缝外形尺寸应符合图纸和工艺文件的规定,焊缝高度不得低于母材表面.焊缝与母材应圆滑过渡 (2)焊缝及热影响区表面应无裂纹、未熔合、未焊透、夹渣、弧坑和气孔等缺陷 检验方法:观察检查
给水水平管道坡度坡向	给水水平管道应有2‰~5‰的坡度坡向泄水装置 检验方法:水平尺和尺量检查
管道支、吊架	管道的支、吊架安装应平整牢固,其间距应符合(GB 50242—2002)第3.3.8条、第3.3.9条或第3.3.10条 检验方法:观察、尺量及手扳检查
水表安装	水表应安装在便于检修、不受暴晒、污染和冻结的地方。安装螺翼式水表、表前与阀门应有不小于8倍水表接口直径的直线管段。表外壳距墙表面净距为10~30mm;水表进水口中心标高按设计要求,允许偏差为±10mm 检验方法:观察和尺量检查

表10-2 管道和阀门安装的允许偏差和检验方法

项目			允许偏差/mm	检验方法
水平管道纵横方向弯曲	钢管	每米 全长25m以上	1 ≤25	用水平尺、直尺、拉线和尺量检查
	塑料管 复合管	每米 全长25m以上	1.5 ≤25	
	铸铁管	每米 全长25m以上	2 ≤25	
立管垂直度	钢管	每米 5m以上	3 ≤8	吊线和尺量检查
	塑料管 复合管	每米 5m以上	2 ≤8	
	铸铁管	每米 5m以上	3 ≤10	
成排管段和成排阀门	在同一平面上间距		3	尽量检查

表 10-3　室内给水设备质量要求及检验

项目内容	质量要求及检验
水泵基础	水泵就位前的基础混凝土强度、坐标、标高、尺寸和螺栓孔位置必须符合设计规定 检验方法：对照图纸用仪器和尺量检查
水泵试运转的轴承温升	水泵试运转的轴承温升必须符合设备说明书的规定 检验方法：温度计实测检查
敞口水箱满水试验和密闭水箱(罐)水压试验	敞口水箱的满水试验和密闭水箱(罐)的水压试验必须符合设计与规范的规定 检验方法：满水试验静置 24h 观察，不渗不漏；水压试验在试验压力下 10min 压力不降，不渗不漏
水箱支架或底座安装	水箱支架或底座安装，其尺寸及位置应符合设计规定，埋设平整牢固 检测方法：对照图纸，尺量检查
水箱溢流管和泄放管安装	水箱溢流管和泄放管应设置在排水地点附近但不得与排水管直接连接 检验方法：观察检查
立式水泵减振装置	立式水泵的减振装置不应采用弹簧减振器 检验方法：观察检查

表 10-4　室内给水设备安装的允许偏差和检验方法

项目			允许偏差/mm	检验方法
静置设备	坐标		15	经纬仪或拉线、尺量
	标高		±5	用水准仪、拉线和尺量检查
	垂直度(每米)		5	吊线和尺量检查
离心式水泵	立式泵体垂直度(每米)		0.1	水平尺和塞尺检查
	卧式泵体水平度(每米)		0.1	水平尺和塞尺检查
	联轴器同心度	轴向倾斜(每米)	0.8	在联轴器互相垂直的四个位置上用水准仪、百分表或测微螺钉和塞尺检查
		径向位移	0.1	

二、室内排水系统安装质量验收

室内排水系统安装施工操作如图 10-2 和图 10-3 所示。

图 10-2　铸铁排水管安装

图 10-3　硬聚氯乙烯排水管安装

室内排水系统安装质量验收的主要内容见表 10-5～表 10-9。

表 10-5　室内排水管道及配件的质量要求及检验

项目内容	质量要求及检验
排水管道灌水试验	隐蔽或埋地的排水管道在隐蔽前必须做灌水试验。其灌水高度应不低于底层卫生器具的上边缘或底层地面高度 检验方法：满水 15min 水面下降后，再灌满观察 5min，液面不降、管道及接口无渗漏为合格
排水塑料管安装伸缩节	排水塑料管必须按设计要求及位置装设伸缩节。如设计无要求时，伸缩节间距不得大于 4m 高层建筑中明设排水塑料管道应按设计要求设置阻火圈或防火套管 检验方法：观察检查
排水立管及水平干管通球试验	排水主立管及水平干管管道均应做通球试验。通球球径不小于排水管道管径的 2/3，通球率必须达到 100% 检查方法：通球检查
生活污水管道上设检查口和清扫口	在生活污水管道上设置的检查口或清扫口，当设计无要求时应符合下列规定 (1)在立管上应每隔一层设置一个检查口，但在最底层和有卫生器具的最高层必须设置。如为两层建筑时，可仅在底层设置立管检查口；如有乙字弯管时，则在该层乙字弯管的上部设置检查口。检查口中心高度距操作地面一般为 1m，允许偏差±20mm；检查口的朝向应便于检修。暗装立管，在检查口处应安装检修门 (2)在连接 2 个及 2 个以上大便器或 3 个及 3 个以上卫生器具的污水横管上应设置清扫口。当污水管在楼板下悬吊敷设时，可将清扫口设在上一层楼地面上，污水管起点的清扫口与管道相垂直的墙面距离不得小于 200mm；若污水管起点设置堵头代替清扫口时，与墙面距离不得小于 400mm (3)在转角小于 135°的污水横管上，应设置检查口或清扫口 (4)污水横管的直线管段，应按设计要求的距离设置检查口或清扫口 检验方法：观察和尺量检查
	埋在地下或地板下的排水管道的检查口，应设在检查井内，井底表面标高与检查口的法兰相平，井底表面应有 5%的坡度，坡向检查口 检验方法：尺量检查

续表

项目内容	质量要求及检验
金属管道支、吊架安装	金属排水管道上的吊钩或卡箍应固定在承重结构上。固定件间距：横管不大于2m；立管不大于3m。楼层高度小于或等于4m，立管可安装1个固定件。立管底部的弯管处应设支墩或采取固定措施 检验方法：观察和尺量检查
排水通气管安装	排水通气管不得与风道或烟道连接，且应符合下列规定 (1)通气管应高出屋面300mm，但必须大于最大积雪厚度 (2)在通气管出口4m以内有门、窗时，通气管应高出门、窗顶600mm或引向无门、窗一侧 (3)在经常有人停留的平屋顶上，通气管应高出屋面2m，并应根据防雷要求设置防雷装置 (4)屋顶有隔热层应从隔热层板面算起 检验方法：观察和尺量检查
医院污水和饮食业工艺排水	安装未经消毒处理的医院含菌污水管道，不得与其他排水管道直接连接 检验方法：观察检查
	饮食业工艺设备引出的排水管及饮用水水箱的溢流管，不得与污水管道直接连接，并应留出不小于100mm的隔断空间 检验方法：观察和尺量检查
室内排水管道安装	通向室外的排水管，穿过墙壁或基础必须下返时，应采用45°三通和45°弯头连接，并应在垂直管段顶部设置清扫口 检验方法：观察和尺量检查
	由室内通向室外排水检查井的排水管，井内引入管应高于排出管或两管顶相平，并有不小于90°的水流转角，如跌落差大于300mm可不受角度限制 检验方法：观察和尺量检查
	用于室内排水的水平管道与水平管道、水平管道与立管的连接，应采用45°三通或45°四通和90°斜三通或90°斜四通，立管与排出管端部的连接，应采用两个45°弯头或曲率半径不小于4倍管径的90°弯头 检验方法：观察和尺量检查

表10-6　室内排水管道和雨水管道安装的允许偏差和检验方法

<table>
<tr><th colspan="4">项　目</th><th>允许偏差/mm</th><th>检验方法</th></tr>
<tr><td colspan="4">坐标</td><td>15</td><td rowspan="14">用水准仪(水平尺)、直尺、拉线和尺量检查</td></tr>
<tr><td colspan="4">标高</td><td>±15</td></tr>
<tr><td rowspan="12">横管纵横方向弯曲</td><td rowspan="2">铸铁管</td><td colspan="2">每1m</td><td>≤1</td></tr>
<tr><td colspan="2">全长(25m以上)</td><td>≤25</td></tr>
<tr><td rowspan="4">钢管</td><td rowspan="2">每1m</td><td>管径小于或等于100mm</td><td>1</td></tr>
<tr><td>管径大于100mm</td><td>1.5</td></tr>
<tr><td rowspan="2">全长(25m以上)</td><td>管径小于或等于100mm</td><td>≤25</td></tr>
<tr><td>管径大于100mm</td><td>≤308</td></tr>
<tr><td rowspan="2">塑料管</td><td colspan="2">每1m</td><td>1.5</td></tr>
<tr><td colspan="2">全长(25m以上)</td><td>≤38</td></tr>
<tr><td rowspan="2">钢筋混凝土管、混凝土管</td><td colspan="2">每1m</td><td>3</td></tr>
<tr><td colspan="2">全长(25m以上)</td><td>≤75</td></tr>
</table>

续表

项目			允许偏差/mm	检验方法
立管垂直度	铸铁管	每1m	3	吊线和尺量检查
		全长(5m以上)	≤15	
	钢管	每1m	3	
		全长(5m以上)	≤10	
	塑料管	每1m	3	
		全长(5m以上)	≤15	

表10-7 生活污水铸铁管道的坡度要求

项次	管径/mm	标准坡度/%	最小坡度/%
1	50	3.5	2.5
2	75	2.5	1.5
3	100	2	1.2
4	125	1.5	1.0
5	150	1.0	0.7
6	200	0.8	0.5

表10-8 生活污水塑料管道的坡度要求

管径/mm	标准坡度/%	最小坡度/%
50	2.5	1.2
75	1.5	0.8
110	1.2	0.6
125	1.0	0.5
160	0.7	0.4

表10-9 雨水管道及配件安装质量要求及检验

项目内容	质量要求及检验
室内雨水管道灌水试验	安装在室内的雨水管道安装后应做灌水试验,灌水高度必须到每根立管上部的雨水斗 检验方法:灌水试验持续1h,不渗不漏
塑料雨水管通安装伸缩节	雨水管道如采用塑料管,其伸缩节安装应符合设计要求 检验方法:对照图纸检查
雨水管不得与生活污水管相连接	雨水管道不得与生活污水管道相连接 检验方法:观察检查
雨水斗安装	雨水斗管的连接应固定在屋面承重结构上。雨水斗边缘与屋面相连处应严密不漏。连接管管径当设计无要求时,不得小于100mm 检验方法:观察和尺量检查

三、室外给水系统安装质量验收

室外给水系统安装施工操作如图 10-4 和图 10-5 所示。

图 10-4　室外混凝土给水管安装

图 10-5　室外给水管道试压

室外给水系统安装施工质量验收的主要内容，见表 10-10 和表 10-11。

表 10-10　室外给水管道安装验收主控项目

项目内容	质量要求及检验方法
埋地管道覆土深度	给水管道在埋地敷设时，应在当地的冰冻线以下，如必须在冰冻线以上敷设时，应做可靠的保温防潮措施。在无冰冻地区，埋地敷设时，管顶的覆土埋深不得小于 500mm，穿越道路部位的埋深不得小于 700mm 检验方法：现场观察检查
给水管道不得直接穿越污染源	给水管道不得直接穿越污水井、化粪池、公共厕所等污染源 检验方法：观察检查
管井内安装与井壁距离	给水系统各种井室内的管道安装，如设计无要求，井壁距法兰或承口的距离：管径小于或等于 450mm 时，不得小于 250mm；管径大于 450mm 时，不得小于 350mm 检验方法：尺量检查
埋地管道的防腐	镀锌钢管、钢管的埋地防腐必须符合设计要求。卷材与管材间应粘贴牢固，无空鼓、滑移、接口不严等 检验方法：观察和切开防腐层检查
管道的冲洗与消毒	给水管道在竣工后，必须对管道进行冲洗，饮用水管道还要在冲洗后进行消毒。满足饮用水卫生要求 检验方法：观察冲洗水的浊度，查看有关部门提供的检验报告

表 10-11　室外给水管道安装验收一般项目

项目内容	质量要求及检验方法
阀门、水表安装位置	管道连接应符合工艺要求，阀门、水表等安装位置应正确。塑料给水管道上的水表、阀门等设施其重量或启闭装置的扭矩不得作用于管道上，当管径≥50mm 时必须设独立的支承装置 检验方法：现场观察检查
管道和金属支架的涂漆	管道和金属支架的涂漆应附着良好，无脱皮、起泡，流淌和漏涂等缺陷 检验方法：现场观察检查

续表

项目内容	质量要求及检验方法
给水管与污水管平行铺设的最小间距	给水管道与污水管道在不同标高平行敷设。其垂直间距在500mm以内时，给水管管径小于或等于200mm的，管壁水平间距不得小于1.5m；管径大于200mm的，不得小于3m 检验方法：观察和尺量检查

第二节 电气工程分项工程施工质量验收

一、线路敷设施工质量验收

1. 架空线路及杆上电气设备安装质量验收

架空线路及杆上电气设备安装施工操作如图10-6所示。

架空线路及杆上电气设备安装施工操作质量验收要点如下。

(1) 电杆、电杆坑、拉线坑的深度允许偏差，应不深于设计坑深100mm、不浅于设计坑深50mm。

(2) 架空导线的弧垂值，允许偏差为设计弧垂值的5%，水平排列的同档导线间弧垂值偏差为±50mm。

(3) 变压器中性点应与接地装置引出干线直接连接，接地装置的接地电阻值必须符合设计要求。

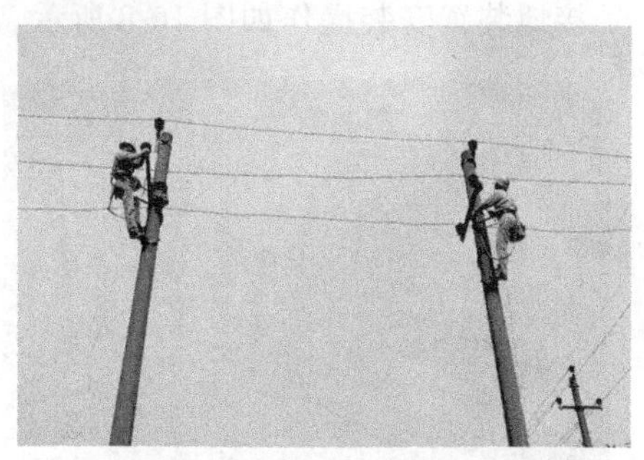

图10-6 直线杆安装安装

2. 电线导管敷设

电线导管敷设施工操作如图10-7所示。

导管敷设应尽量提前进行预埋，后期敷设导管的难度较大。

图10-7 导管敷设

电线导管敷设施工操作质量验收要点如下。

(1) 镀锌的钢导管、可挠性导管和金属线槽不得熔焊跨接接地线，以专用接地卡跨接的两卡间连线为铜芯软导线，截面积不小于 $4mm^2$。

(2) 当非镀锌钢导管采用螺纹连接时，连接处的两端焊跨接接地线；当镀锌钢导管采用螺纹连接时，连接处的两端用专用接地卡固定跨接接地线。

(3) 金属线槽不作设备的接地导体，当设计无要求时，金属线槽全长不少于2处与接地（PE）或接零（PEN）干线连接。

(4) 非镀锌金属线槽间连接板的两端跨接铜芯接地线，镀锌线槽间连接的两端不跨接接地线，但连接板两端不少于2个有防松螺帽或防松垫圈的连接固定螺栓。

二、防雷及接地装置安装施工质量验收

1. 接地装置安装验收

接地装置安装操作如图 10-8 所示。

接地模块顶面埋深不应小于0.6m，接地模块间距不应小于模块长度的3～5倍。接地模块埋设基坑，一般为模块外形尺寸的1.2～1.4倍，且在开挖深度内详细记录地层情况。

图 10-8　接地装置安装

接地装置安装操作质量验收要点如下。

(1) 测试接地装置的接地电阻值必须符合设计要求。

(2) 防雷接地的人工接地装置的接地干线埋设，经人行通道处埋地深度不应小于1m，且应采取均压措施或在其上方铺设卵石或沥青地面。

2. 防雷引下线敷设

防雷引下线敷设操作如图 10-9 所示。

防雷引下线敷设施工质量验收要点如下。

(1) 明装引下线弯曲。引下线敷设前应进行冷拉调查。

(2) 明装引下线不垂直。确定引下线支持卡子位置，应用线锤吊直安放。

(3) 明装引下线与墙距离不一致。引下线支持卡子出墙长度应处理一致。

(4) 暗敷引下线断接卡子箱与门、窗框距离小。多数是由于门、窗之间墙垛小，造成无正确位置，此时可将箱体高度降低，设在窗下。